神秘優雅的數學家日常

二宮敦人——著

王華懋——譯

序章——

「我跟數學系畢業的人相親過喔！」

事情的開端，是飯局上突然冒出來的一句話。

「對方人怎麼樣？」

我問責任編輯袖山小姐。

「哦……人很好，嗯，是個好人沒錯，可是聊起來……怎麼說……完全熱絡不起來。」

居然連資深編輯袖山小姐都沒辦法炒熱氣氛？

「不管拋出什麼話題，都會無疾而終。飯局到一半就乾得要命，只記得他在那裡應『是喔』、『這樣啊』……一直到最後，都抓不到對的話題。」

哎……袖山小姐以手抵額，大嘆一口氣。

想必對雙方來說，場面一定都尷尬異常。

不過對方的腦袋裡，究竟塞滿了怎樣的東西呢？

所謂數學家，是一群什麼樣的人？同樣是學者，數學家和昆蟲學家或民俗學家又不一樣了。他們所探索的，是純數字的世界。是對我來說甚至難以想像的抽象世界。

「數學很美呢。」

月刊《小說幻冬》的總編有馬先生啜飲著燒酎，忽然露出夢想般的眼神說：

「但到底是怎麼個美法，具體來說卻教人摸不著頭腦呢。就算光看算式，也一頭霧水。」

我也點頭同意。

「是不是有個只有數學家才看得到的世界？如果能在相親的時候問出那是個怎樣的世界，或許就能聊得趣味横生。」

我在腦中描繪數學家的模樣——

純白色的房間裡僅有最基本的家具；一名樣貌神經質的男子坐在安樂椅上搖晃著，獨自安靜地沉浸在思緒當中。他全神貫注，雜音無法侵入他的耳中。忽然間，他伸手在空中描繪了某些圖形，站起來大喊：「我終於想通了！」接著猛然在紙上寫下算式。紙張上，一般人甚至無法理解、精緻而崇高的某種概念於焉誕生……

當然，這只是我任意的想像，可是好令人嚮往喔！

如今我已無望成為一名數學家，但是一點皮毛就好，能不能接觸到數學的浪漫情懷呢？

就在這時，袖山小姐說了：

「不然，我們去會會數學家吧？」

如此這般，認識數學家之旅——對袖山小姐來說或許是相親雪恥之旅——就此揭幕了。

Contents

Chapter 2 世間的探究者們

Chapter 3 絕美的數學家們 其二

Contents

絕美的數學家們

其一

1 初會數學家之日

黑川信重老師（東京工業大學名譽教授）

我們來到東京工業大學的本館大廳，袖山小姐打開記事本，看了一下，點了點頭：

「下午兩點，約在三樓碰面。」

我還是迷迷糊糊，反問：

「三樓是三樓的哪裡？」

「不知道。老師說他會在三樓。」

「……」

「我們四處走走，看看能不能碰到他吧！」

於是我們展開有如尋找野生寶可夢的行動。不過這約法也太籠統了。看來並非只要是數學家，就會在各方面都一絲不苟。

然後我們真的在三樓某處，走廊不上不下的地點，發現了正悠閒路過的黑川信重老師。老師身材高大，一身筆挺的西裝，不過有點小肚腩，予人一種宛如溫和大熊的印象。

「啊，幸會幸會，兩位午安，是來採訪的對吧？」

代表日本的數學家之一──黑川老師和藹可親地微笑，朝我們揮手。

★被紙張淹沒的研究室

「因為我快退休了，現在有點亂。」

黑川老師靦腆地搔著頭，帶我們看他的研究室。我和袖山小姐睜圓了眼睛，探頭看房間裡面。

「好多紙張，的確是有點亂……」

雜亂的只有紙張而已。只不過，那些紙張的數量實在太驚人了。不光是淹沒了整個地板，連房間的每一個角落都被塞滿了。地板也好、架子也罷，只要是能放紙的地方，全都堆滿了A４影印紙，有幾疊已經發生了山崩。合計起來，可能有上萬張之譜。白色的紙城牆隙縫間，隱約可見疑似辦公桌的物體。

但據說這些紙山，就是黑川老師的研究成果。

「我住在栃木，每天都花單程兩小時半到東工大來上課，我都趁通勤時間做研究。」

皮包裡放著鉛筆和紙。需要的工具就只有這兩樣。

「在紙上像這樣寫下算式……累積到五十頁左右，就完成一份論文了。前前後後大概四十年了吧，我都過著這樣的生活。宇都宮線行車方向那一側的面對面靠窗位，就是我的固定座位。」

「通勤時間都一直在做研究嗎？」

「對，兩小時半感覺一晃眼就過去了。我也買過青春十八旅遊通票，從早到晚坐上一整天的車鑽研數學。我得感謝JR才行呢。」

大學研究室只是紙張的保管倉庫，電車車廂才是黑川老師真正的研究室。

「我可以看一下嗎？」

紙上以渾圓的字體綿綿不絕地寫了一大串東西。當然，我不可能看得懂寫的是什麼。似乎是算式，但看起來就像抽象畫，或是以陌生語言寫下的文學作品。這每一頁內容，都是黑川老師在電車裡孜孜矻矻寫出來的。

「研究期間，難道不會有遇上瓶頸的時候嗎？像是遇到怎麼樣都無法解開的問題。」

「唔……不太常遇到呢……」

黑川老師爽快地回答。

「我都維持著一個月完成一篇論文的速度呢。當然，一整個月不光是做研究，還包括備課那些。」

研究居然如此順暢嗎？

請教之後才知道，黑川老師是在小學時發現了數學的樂趣。小時候的遊戲，是和朋友出數學題互考。上了高中以後，他向數學雜誌投稿自己出的題目，多次獲得採用。

看來天生腦袋結構就不一樣喔。我沉吟著走出了研究室。

★驗證答案要五年以上

在只有黑板和課桌椅的數學系教室裡，黑川老師贈送了一本他的大作給我。書名是《黎曼與數論*》（リーマンと数論，暫譯）。

「這本書的內容，是我認為可以解開黎曼猜想*的方法。」

「呃，黎曼猜想是……？」

「喔，是知名的未解決問題之一。」

簡而言之，就是全世界尚未有人解開的數學問題。據說這黎曼猜想在這些未解難題之中，也是難中之難。至於有多難，美國某間研究所甚至重金懸賞一百萬美元（約一億日圓、台幣三千萬元），要送給解開此一問題的人，身價不菲。

「也就是說，黎曼猜想已經解開了嗎？」

我以為坐在眼前的黑川老師拿下了這個全世界的數學家都虎視眈眈的大獵物，但似乎過於心急了。

「啊，不不不，只是提出我覺得應該可以怎麼樣解開的思路而已。提出黎曼猜想的黎曼本人，三十九歲年紀輕輕就過世了，我在書中最後提到，如果他再長壽一點，可能會如何解題。對。」

我納悶地側頭問：

「這樣不就是解開了嗎？既然已經知道怎麼做就可以解題，不就等於解開猜想了嗎？」

「但是在數學領域，卻不是這樣的。實務上，必須寫成論文的形式，投稿到專門期刊，接受審查。」

「意思是要由第三方來檢驗是否真正解開了嗎？」

＊註：數論，是純粹數學的分支之一，主要研究整數的性質。被譽為最純的數學領域。

＊註：黎曼猜想，Riemann hypothesis，由德國數學家黎曼（Bernhard Riemann，1826-1866）所提出的猜想，是數學界中非常重要且知名的未解決問題之一。

「沒錯，這相當花時間。比方說，不久前京大的望月新一*老師說他解開了ABC猜想*，引發轟動，但到現在都還在審查當中呢。」

「要花多久時間審查呢？」

「那邊已經五年了呢。」

五年！我目瞪口呆。

「光是解題就非常辛苦了，但要確定答案正不正確，居然要花上那麼久的時間嗎？」

「望月老師的論文，是因為連數學語言都是全新創作的，和各位以前學到的數學，連使用的語言都不一樣。這應該就是需要花這麼久的理由吧。光是要理解論文的內容就很困難了。」

好難，這困難的次元已經無從想像了。

看來和翻開書末就印著答案的參考書問題天差地遠。

「對了，解開這黎曼猜想，有什麼好處嗎？」

「簡單扼要地說，可以瞭解質數是如何分布的。」

出現了！質數！

其實，前來採訪黑川老師以前，我稍微預習了一下。雖然只是讀讀數學家寫的自傳，看一下以數學家為主角的小說和電影，不過有一點讓我耿耿於懷。

那就是：數學家會不會太愛「質數」啦？

所謂質數，就是除了1和自己以外，無法用其他數字整除的數字。像2、3、5就是質數。質數確實十分特殊，但聽到數學家只因為看到道路標誌上面有質數，就開心得跳起來，或買彩券的時候刻意挑選質數，還是教人忍不住納悶。這些只是創作，或是誇大渲染嗎？

但事實上，真的有人花上時間和工夫，找出兩千四百萬位數的質數，並為此歡天喜地。還把3和5這種兩個相差2的質數稱為孿生質數（twin prime），欣賞不已。同樣地，兩個相差4的質數被稱為表兄弟質數（cousin prime）、兩個相差6的質數被稱為sexy質數（sexy prime，六質數），簡直太瘋狂了。

＊註：望月新一（1969-），日本數學家，京都大學數理解析研究所教授，專注於數論領域。

＊註：ＡＢＣ猜想（abc conjecture），由數學家約瑟夫．奧斯特萊（Joseph Oesterlé）與大衛．馬瑟（David Masser），於１９８５年所提出的猜想，也是知名的未解決問題之一。望月新一教授於２０１２年提出論文證明。

不過，sexy質數的 sexy 是拉丁文6的意思，想歪的只有我一個。

質數到底為什麼這麼重要？我提出疑問。

「有位叫畢達哥拉斯*的學者，認為『萬物皆數』。」

黑川老師笑吟吟地點頭回答我。

「他發現到，從音樂的旋律，到行星的運行，自然界的一切法則，都可以用算式來呈現。數就是呈現世界的一種形式。將這個數予以分解，就一定會遇到質數。就像把物體不斷分解，一定會遇到原子一樣。」

所有的數，都可以用質數的組合來表現。也就是說，質數是數學世界的原料，似乎就等同於氫或鋁這樣的元素。

原來如此，那確實很重要。

只要瞭解質數的分布，就能瞭解到有什麼樣的原料、又有多少原料。數學家對數學的理解能一口氣加深。

「不過原子也是，只要提高能量，還是可以再進一步分解。會變成基本粒子那些東西。同樣地，數學也是，比方說5是質數，但只要運用根號√的概念，在某個意義上也可以再加以分解。所以說質數是『無法分解的材料』，這說法只適用於整數的世界，還有使用√的另一個數學世界。特別重視質數，是這樣眾多觀點中的其中一種。」

我一面點頭，同時有種奇妙的感覺。我覺得數字好像突然具備了形體。數學家從算式裡導出質數時，感覺是不是就像化學家看著玻璃瓶內側流動的水銀一樣？就像銅加上錫，可以製作出青銅，把不同的質數加在一起，就可以生出什麼來嗎？

★人類「吃不完」的問題

「實際上要解開黎曼猜想，還是很困難嗎？」

「我覺得它接近人類能夠處理的極限了。以某個意義來說，這個問題已經一百五十年左右都沒有進展了……」

＊註：畢達哥拉斯，Pythagoras（580-490 B.C.），古希臘著名哲學家、數學家及思想家。

黑川老師若無其事地提出「一百五十年」這種數字來，我啞然失聲。

「這種問題要怎麼樣才能解開呢？」

「要直接挑戰太困難了，所以要想出新的問題來解，或是切割成小塊，一點一滴地去解。」

假設，眼前端上了一碗實在不可能一口氣吃完的特大號百匯聖代，可以先吃掉威化餅，接著吃冰淇淋，像這樣逐步攻城掠地，或是把水果的部分打成果汁，就更好攻略了。大致上來說，就類似這種感覺。

「『這種情況的黎曼猜想』和『那種情況的黎曼猜想』，像這樣切割成小部分。這當中有一些已經完全解開了。」

「也就是威化餅或冰淇淋有一部分已經成功吃掉了。」

「對，看到有人成功，就會很受鼓舞。」

「原來如此……『這種情況的黎曼猜想』的種類，也就是聖代的料，大概有多少？」

「目前呢，已知有無限多個。」

「……」

吃不完耶！

「有時候解著解著，又會變成不太一樣的問題。像是從數論變成幾何問題。從黎曼猜想，出現它的變形版拉馬努金猜想*，因為解開了拉馬努金猜想，而解開了費馬猜想*……就像這樣影響到各方面，逐步進展。」

「問題會衍生出新的問題，或成為解開其他問題的線索呢。」

用在特大號聖代的攻略技巧，也可以應用在特大碗豬排井上。店老闆見狀，便在菜單裡加上特大碗拉麵，貼出戰帖：「既然如此，也來挑戰這個看看吧！」

就這樣彼此切磋砥礪。

「那，感覺黎曼猜想總有一天也會解開呢。」

「確實是在前進。」黑川老師點點頭說，又歪起頭道：

「不過解開問題，對我們來說也不是那麼值得高興的事。因為這也等於做生

＊註：拉馬努金猜想，Ramanujan conjecture，由著名數學家拉馬努金（Srinivasa Ramanujan，1887-1920）提出，於1973年得到證明。

＊註：費馬猜想，Fermat's conjecture，由法國數學家費馬（Pierre de Fermat，1601-1665）提出，於1995年得到證明後，改稱「費馬最後定理」。

意的傢伙又少了一樣……」

「在數學的世界裡，會因為沒有問題可以解而失業嗎？」

「問題不會解完，多少問題應該都想得出來。不過，人類目前有辦法解開的問題都快被解光了，確實是有這樣的擔憂呢。」

這樣啊，數學的世界裡，有可能存在超越人類能力的問題。

「進化的人工智慧，或次世代生物大概有辦法解開……但就算能看到他們解開那些問題，或許人類也無法理解。」

「問題都解開了，卻無法理解嗎？」

「對，不明白為什麼解開。問題得有個適當的難度，太難也是不行的。」

「這種時候該怎麼辦？」

「看看數學發展的歷史就知道了，如果問題太難，走入死胡同，人類就會把數學本身的機制整個改變，從簡單的地方重新出發。」

就類似製作出難易度恰到好處的謎題，持續去解題嗎？

「推動像這樣開發出來的『新數學』，就能從根本重新去審視思考……有時候過去的數學所留下來的問題，會忽然迎刃而解。」

「這所謂的『新數學』，比方說是怎樣的？」

「這個新數學呢，我想應該是形形色色，像我自己最近在開發一種『只使用1的數學』。」

黑川老師的眼睛閃閃發亮。

只使用1的數學，只用威化餅做成的聖代。我有點無法想像它們的樣貌，但確實很新穎。

★「算式」會透露出人品

出於好奇，我提出這個問題：

「數學家聚在一起，都聊些什麼呢？果然會談論『這個算式好美』之類的話題嗎？」

「喜歡怎樣的算式，人各不同呢。我覺得這就像是欣賞畫作時的喜好。不過，閒聊的時候不會聊這些呢……說到喜歡的數學家時，氣氛都滿熱烈的。」

真意外，我還以為數學家只關心數字，而不是人。

「那就像是……比方說歷史迷聚在一起，會熱烈討論織田信長之類的嗎？」

「或許類似吧！黎曼的論文也是，他的手稿保存下來了，從上面可以看出他的人品。」

「從算式可以看出人品嗎？」

「對，看得出來。譬如說，黎曼的方程式有點陰沉、內向。相對地，歐拉*就很陽光，充滿自信。」

提出超級難題黎曼猜想的黎曼，是約一百五十年前的人。而留下龐大的成果、被稱為「數學界的巨人」的歐拉，則是約二百五十年前的人。黎曼的貢獻在當時無法得到充分的理解，他在三十九歲時因結核而逝世。歐拉則是飽受視力惡化的折磨，最後雙目失明，但透過口述，完成了數量龐大的論文。

無機質的算式背後，有著人生。

黑川老師忽然開口：

「不管是問題還是證明都一樣，每天研究數學，有時候會突然不安起來，擔心自己真的能理解嗎？」

「咦！黑川老師也會對數學感到不安嗎？」

「這種時候呢，我就會讀以前的數學家留下來的論文手稿。他們留下了親筆論文，可以在圖書館等地方讀到。一旦瞭解到『這些也都是人想出來的』，就會精神大振，覺得自己應該也辦得到，進而湧出親近感來。」

原來數學家看到算式的時候，也會看到背後「寫出它們的人」。

「我認為數學是人傳遞給人的事物。黎曼年紀輕輕就過世了，他一定非常不甘心。我希望讓他了無遺憾。歐拉當時做不到的事，現在的數學或許有辦法成功。我覺得既然如此，這就是我們的職責。」

笑咪咪的黑川老師，讓我感受到他對在同一個領域奮戰的同袍的愛。從遙遠的兩千五百年前的畢達哥拉斯，經過許多人的手傳承至今的接力棒，現在握在黑川老師的手中。即使出生在不同的國家、不同的時代，數學這樣的共同語言，仍

＊註：歐拉，Leonhard Euler（1707-1783），瑞士數學家，數學史上最偉大的數學家之一，於數學各領域均有突出貢獻。

將他們緊密地連繫在一起。

我再看了黑川老師的研究室一眼。年輕一輩的數學家看到那些數量龐大的手寫紀錄，一定會接下他手中的棒子吧！

看來我先前誤會大了。只想著數字的不是數學家，而是我。因為在這之前，我完全沒有看到數字另一頭的數學家們。

我和袖山小姐對望，點了點頭。

不是管什麼相親雪恥的時候了。我重新立下決心：我想更進一步徹底瞭解數學家！

2 重要的不是解題，而是出題

黑川信重老師（東京工業大學名譽教授）

「不過一旦解開，就可以拿到一億日圓的數學問題，真讓人嚮往呢！」

某天討論時，編輯袖山小姐啜飲著咖啡，眼神遙望遠方地說。

「跟考試不一樣，那麼高的獎金，或許會讓人想要挑戰看看……」

「其實後來我查了一下。」

我忽略端上桌的檸檬水，上身前傾說。

「數學界裡，好像還有好幾個這樣的大獵物。妳知道『千禧年大獎難題』（Millennium Prize Problems）嗎？」

袖山小姐歪頭表示陌生。

「在二〇〇〇年的時候，美國的克雷數學研究所（Clay Mathematics Institute）對七個未解難題提供了獎金。獎金分別是一百萬美元，約一億日圓。黎曼猜想也是其中之一，其他還有什麼P／NP問題（P versus NP problem）、霍奇猜想（Hodge conjecture）……」

「也就是說，數學界的頭目級怪獸，還剩下七隻是嗎？只要瞄準沒什麼人搶的問題下手，或許我們也有一夜暴富的機會。」

「啊，聽說只有一個叫龐加萊猜想*，已經被俄國數學家解開了。所以只剩下六隻。」

不過……我們各自歪頭尋思。結果是袖山小姐先提出疑問：

「為什麼數學問題要叫做『猜想』？是希望『要是這樣就好了』嗎？總覺得這樣的稱呼好奇妙。」

確實，在義務教育中學到的數學，沒有「猜想」這樣的觀念。

「這部分我也查了一下，好像是『推測答案』的意思喔。比方說，我認為

『把全人類身上的痣的數目加總起來，會是偶數』。」

「咦？是這樣嗎？」

「呃，不知道啦，我又沒有調查過。因為這是從來沒有人調查過、也沒有人解開過的問題，所以是個未解決的問題。就稱它為二宮猜想好了。」

「二宮猜想。」

袖山小姐鸚鵡學舌地說。我繼續侃侃而談：

「驗證這個說法的真假，好像就等於做出解答。也就是說，只要證明這個說法正確，二宮猜想就算解開了。或是如果能證明是錯的，也一樣算是解開。」

「對喔，還沒有任何人解開過的問題，也沒有答案可以對嘛。」

「對，因為還不知道答案，所以是在得出答案的前一個階段。這跟我們在考試中解的問題有些不一樣。」

「讓問題有答案可以對，就等於解題。原來如此，所以才叫做猜想。難怪確定是否真的解開，需要花那麼久的時間審查啊！」

＊註：龐加萊猜想，Poincaré conjecture，由法國術學家亨利・龐加萊（Henri Poincaré，1854-1912）提出，曾是知名未解決難題之一，後由格里戈里・裴瑞爾曼（Grigori Perelman）於2006年證明。

袖山小姐恍然大悟地點著頭，我卻抱住了頭：

「是這樣沒錯，可是……」

「還有什麼疑問嗎？」

「我個人認為，這二宮猜想也是個相當困難的問題。」

「什麼去了？全人類身上的痣嗎？」

「對，要驗證真假，絕非一件易事。然而，同樣是困難的問題，沒有人對二宮猜想感興趣，而黎曼猜想卻有高達一億日圓的獎金，讓許多數學家窮畢生之力去解開。怎麼會有這樣的差別呢？」

兩人苦思片刻，卻也沒想到什麼特別的靈感。

「去請教數學家吧！」

袖山小姐提議，我們同時點點頭，再次前往東京工業大學。

★得花上百年才能解開的「猜想」有一大堆

「應該是因為它們是經得起風霜考驗的猜想吧！」

黑川信重老師使用了不像數學領域的形容。

「過去應該有好幾百、好幾千個猜想；但是過了一百年、兩百年，只剩下少數幾個而已。並不是有什麼審查委員會在進行淘汰，而是時間和歷史，會決定哪些猜想才是重要的。」

「果然還是要看內容有不有趣嗎？」

「是啊！留下來的那些問題，一旦解開，數學領域的展望會一下子寬闊明亮起來。」

的確，就算查出痣的數目是奇數還是偶數，對人生的展望也毫無影響。一個「好的猜想」，必備要素不光是困難而已。

「公開的猜想，必須成為許多人研究的目標，才會被冠上○○猜想的稱呼。也有許多猜想在公開之後，乏人問津，就此遭到忽略。遺憾的是，一般都是這樣的情況。」

「如果沒有人理睬，接下來該怎麼辦？」

「只好當成自己的研究目標，繼續默默研究。」

「也就是說，只能獨自一人鑽研自己的猜想……」

「沒錯。數學的研究，也可以說是一連串大大小小、已公開或是未公開的猜想。」

聽到這裡，我冒出新的疑問：

「不過，為什麼要把猜想公諸於世呢？」

如果真的想到什麼很有趣、能夠徹底顛覆數學界的問題，不會想要藏私嗎？在解開之前，不會想把它當成自己一個人的祕密嗎？譬如像寫小說，如果想到什麼絕妙點子，在寫出來之前，我才不會告訴任何人。被別人捷足先登寫走，更是絕不能有的事。

黑川老師笑容不絕，慢慢點了點頭：

「一個人想出問題，一個人解題，或許比較有趣。至少當下是這樣沒錯。不過真正的數學難題，有許多是得花上百年才有辦法解開的。而且和參考書上的問題不一樣，不會有人提供解答。因此才要公諸於世，集眾人之力來挑戰。」

「也就是問題太強了，一個人打不過嗎……？」

「如果個人獨占藏私，問題有可能就這樣永遠被埋沒。既然如此，公開當然更好。反過來說，不怎麼難的猜想，就自己解一解，寫成論文發表。大部分的數學論文都是這樣寫出來的。」

「那麼，把猜想公開，也就是瞭解到自己極限的時候嗎？」

「我想這是最大的理由。就是看出憑自己一個人思考，似乎怎麼樣都沒轍，便想既然如此，期待有人會有更棒的突破……所以從某個意義來說，有點類似『放棄』的心情吧！」

有人想要知道猜想的答案，卻未能成功，半途放棄。同樣也想知道答案的其他人繼承其意志，將數學的猜想傳承下去。在提供獎金以前，這些猜想就已經灌注了許多人無數的心願。

不過，數學家要思考到什麼地步，才會「放棄」呢？

像我，考試的時候如果遇到難題，想個十分鐘還想不出來，就會直接跳過了。黑川老師告訴我們解開費馬猜想的安德魯·懷爾斯*的例子。

懷爾斯本來就對費馬猜想很感興趣，他看到弗賴－塞爾猜想*這個其他的問題被解開，直覺自己有辦法解開費馬猜想，便開始埋首鑽研。據說他沒有告訴任何人，一個人在閣樓裡持續解題。如果他放棄的話，或許會提出陳述「費馬猜想應該可以像這樣解開」的懷爾斯猜想，但他成功了。

他孤軍奮戰的歲月，長達七年。

★提出「好的猜想」並非易事

「這樣說的話，要提出猜想，也不是那麼容易的事了……」

我回顧我的二宮猜想，真想找個洞鑽進去。

「把全人類身上的痣加起來，會是偶數。」

這就是所謂的二宮猜想，但可以吐槽的地方太多了。

全人類是指什麼樣的範圍？是哪個時間點的全人類？也包括已經死掉的人嗎？還有痣，怎樣才算是痣？直徑幾公釐以上、黑色素要多濃才算是痣？兩顆連在一起的痣，算是一顆還是兩顆？

我根本思考不周。難怪我的世界永遠這麼狹小。

要做出好的猜想，似乎也需要相應的努力和才智。

「好的猜想、好的問題非常重要。如果說最近的數學界有什麼問題，那就是好的猜想愈來愈少了。」

上一回黑川老師也提到這樣的事。

「拉馬努金猜想、韋伊猜想（Weil conjecture）、費馬猜想等也是如此，還有佐藤－泰特猜想（Sato – Tate conjecture）、莫德爾猜想（Mordell conjecture）……我還在唸書的時候，這些都尚未解開呢。」

黑川老師仰望半空，就像在緬懷過去。

「但差不多從我上大學那時候開始，這些猜想就逐一被解開。連費馬猜想都

---

*註：安德魯·懷爾斯，Andrew Wiles（1953-），英國數學家，於1994年與其學生理查·泰勒（Richard Taylor）共同證明費馬猜想。

*註：弗賴－塞爾猜想，1984年，格哈德·弗賴（Gerhard Frey）發現只要能證明谷山－志村猜想，即可證明費馬最後定理的概念，尚-皮耶·塞爾（Jean-Pierre Serre）將其公式化，稱為「弗賴－塞爾猜想」，後由肯尼斯·黎貝（Kenneth A. Ribet）證明。

被解開，出色的猜想大多都被破解了。只留下黎曼猜想這種難如登天的問題。」

黎曼猜想是這樣的問題：

「ζ函數所有的非平凡零點的實部是二分之一。」

好難！哪裡難？連要理解意思都很困難。老實說，我完全看不懂這是在說些什麼。

「完全不懂問題的意思呢……像ζ函數是什麼……」

「就是說啊！」

看到束手無策的我，黑川老師難得露出苦惱的神情，搓了搓下巴。

「這或許是個相當嚴重的問題。要讓數學成為一門魅力十足的學科，就得要有每個人都能理解的有趣問題才行。列出一堆專業術語而成的問題，大概沒有人會被吸引。像費馬猜想那樣，一、兩行的問題比較好。可以簡潔地描述，內涵又博大精深。這樣的問題正在逐漸消失。」

我想像起大航海時代，探險家陸續發現未知新大陸的景象。發現愈多新的土地，剩下來的土地就愈少。等到只剩下難以輕易前往的極地、沒什麼賺頭的荒地時，就沒有人願意出發冒險了吧！數學的最前線也面臨了相同的狀況嗎？

「但我的看法倒是很樂觀。」

黑川老師在椅子上重新坐好，抿唇一笑。

「前些日子我也提過，往後應該會出現讓數學變得更簡單的工程。比方說，我認為二十世紀上半，就是這樣的時代。」

「是這樣嗎？」

「當時正好進入數學看不到新展望、有點難以再有所發揮的階段。這時出現了一位數學家格羅騰迪克*，提出了叫做『概形』（scheme）的代數幾何學新概念。格羅騰迪克說，質數整體也是一個幾何。」

所謂幾何領域，研究的是圖形和空間的性質。就我們學習過的範圍來說，就是三角形的面積、如何畫出正五角形等。

「從幾何的角度來看質數整體，就是以圖形和空間的概念，來看2、3、5、7……這一連串的數字嗎？」

---

*註：格羅騰迪克，Alexander Grothendieck（1928-2014），法國數學家、1966年菲爾茲獎得主，被譽為是20世紀最偉大的數學家。

外行人如我，也大概瞭解應該可以得到完全不同的觀點。

「對，如此一來，數論也會一下子變得簡單易懂了。我認為就是因為這種創新思考的力量，使得各種猜想在二十世紀後半一下子迎刃而解。對於困難的問題，就要開發新的手法，讓它變得簡單。」

原來如此。然後現在許多的猜想因此解開，數學又再次變得困難了。

「現在又需要讓數學再次變得簡單的新發想了，對嗎？」

「是啊！讓數學變得簡單一些，有些猜想就能解開，而且在變得簡單的數學世界裡，也會出現新的問題。有可能找到原本看不到的問題。」

黑川老師的擔憂與期待，是一體兩面。

「所以從某個意義來看，我也覺得這是個有趣的時代。」

乍看之下，似乎再也沒有任何人類尚未踏上的新大陸了。以傳統的船隻、傳統的航海術，不可能再找到新大陸。

那麼，太空的另一頭呢？或是地底下、異次元呢？透過全新的發想，有可能找到過去無人知曉的全新大陸。

★我也學過未解決的問題！

黑川老師所描述的數學，彷彿通往未知世界的冒險故事。我開始覺得數學好像非常有趣。包括一億日圓的獎金在內，充滿了浪漫情懷。

可是且慢——我告誡自己。你忘了國高中的數學課是如何把你整得七葷八素了嗎？冷靜一點想想，挑戰未解決的問題，對你來說根本是痴人說夢。

我吐露這樣的洩氣話，黑川老師微笑著點頭附和：

「不過呢，未解決的問題那種深奧的數學，和學校裡教的數學，其實沒有多大的差別喔。」

「咦？」

少來了，這怎麼可能呢？但黑川老師是講正經的。

「比方說，大概一七五〇年左右吧，當時歐拉那些數學家挑戰的問題，就是現在的國高中教科書裡的內容啊！」

「咦！真的假的？」

「那些就是當時未解決的問題。」

一元二次方程式的公式解、三角函數、正弦定理、餘弦定理……每一個都是強敵，我靠著硬背公式，才勉強逃過不及格的命運。但是在古時候，連公式都沒有。這些都是眾多天才挑戰的難題之一。

我們在學校，就是亦步亦趨，循著數學家挑戰並解開的足跡再走一遍。

「總覺得我好像也有機會了。」

因為只要做做例題練習，我也成功解開過那些題目。就像裝上輔助輪騎自行車，也不是完全沒有成功的可能。重要的是努力和熱情。

「所以即使上了年紀，還是可以挑戰數學。」

這話很有說服力。

前些日子，黑川老師從東京工業大學屆齡退休了。我請教他生活上有沒有什麼變化，他說只是不用上課而已，在做的事一如既往。

「以某個意義來說，數學是用來慢慢思考、樂在其中的。丟出五個問題，限時三小時解開，或是比賽誰的分數高，這些都不是數學原本的目的。有時候遇到困難的問題，只花個五年十載，根本是束手無策。所以就和人生規劃一樣，就算繞個十年的遠路也沒關係。」

「難不成……解數學問題，感覺就近似思考『何謂人生』嗎？」

「嗯，是啊！」

我自己也覺得這個問題實在古怪，但黑川老師若無其事地點頭表示同意。

「事實上，有位數學家岡潔*先生，是個非常虔誠的佛教徒。每當在數學上遇到瓶頸，他就會整個人投入宗教生活。他說這麼一來，數學方面也會大有進展。就是這樣的。」

★光是抄寫算式就怡然自得

「如果我現在要開始學數學，要從哪裡開始才好呢？」

我也想體驗一下快樂的數學，而不是為了應付考試的數學。

黑川老師尋思片刻，說：

*註：岡潔，Kiyoshi Oka（1901-1978），日本數學家，為多變數解析函數領域的重要貢獻者。

「我覺得自己想題目，是個很不錯的做法。被動地去解別人出的題目，也不太好玩嘛！」

「呃……這數學題要怎麼出呢？」

黑川老師不厭其煩地指點我：

「是啊，一開始可以從三角形或是圓下手。決定一兩個這樣的主題，然後構思題目，像這樣嘗試，應該就會愈來愈有趣。」

我聽得似懂非懂，黑川老師忽然提出這樣的比喻：

「以作家來說，或許就像是先決定標題，再來寫小說嗎？」

原來如此，就是這種感覺嗎？

譬如說，訂出〈某個男子的大失敗〉這樣的小說標題，然後開始動筆。這名男子是個怎樣的人？是認真苦幹的上班族，還是吊兒郎當的打工族？所謂的大失敗，到底是搞砸了什麼事？怎麼會捅出這種婁子？想像天馬行空地拓展開來。這樣的過程頗教人雀躍不已，如果感覺能寫成一部有趣的小說，就更讓人興奮了。

「一般來說，我們都有很強的先入為主觀念，認為『數學題都是別人出的』，對吧？但是最有趣的其實是**想出問題**。也可以換個說法，『提出問題』。發想出新的問題，就會開始認真思考許多事，對吧？如果在這樣的過程中發現沒有任何人想到過的事，感覺真的有如醍醐灌頂。然後，如果發現了全人類當中，好像只有自己一個人想到的問題，那種喜悅真的會讓人死而無憾。」

原來如此，數學的喜悅，就是創造的喜悅。

黑川老師微笑說：

「思考問題的時候，有時會衍生出一些猜想。像那些未解決問題般的卓越猜想，也是在這樣的過程中出現的。而要解開猜想，也是透過提出問題來達成。『這樣做是不是就能解開？』是一連串這種問題的累積。所以構思問題，才是數學真正的基本功。」

原來數學是「為什麼？」的累積，而不是「解開了！」的累積。

「為什麼？」沒有正確答案。個人單純的疑問，可以盡情尋根究柢。

所以思考數學，才會與思考人生有著共通之處。

「抄寫歐拉的論文很有趣喔！」

黑川老師突然說起莫名其妙的話來。

「咦？抄寫？」

「不是抄經，而是『抄歐拉論文』。歐拉所提出的公式裡面，有許多都是提出之後，讓人覺得完全天經地義。這是因為歐拉的思路非常自然。他在六十多歲的時候完全失明，但此後的論文反而更有迫力。我也漸漸步入與他相同的年紀了，所以讀他的論文，讓我勇氣百倍。比起用腦袋思考，他的論文純粹地朗讀或是抄寫，更能加深理解。」

「就像唸誦『南無阿彌陀佛』那樣嗎？」

雖然嘴上這麼問，但我心想「不可能吧」，沒想到黑川老師笑著點點頭說：

「沒錯沒錯，就是這樣。也有一些地方光是用看的，讓人不解其意。雖然不知道是在說什麼，可是反覆誦讀，就會恍然大悟：『啊，原來是這麼回事！』便可以用現代數學來解釋。歐拉超越時代太多了，甚至讓人懷疑他是不是搭乘時光機去過二一〇〇年再回去。」

黑川老師說，前些日子他也才總算理解了歐拉的某篇論文。據他說，是在像誦經一樣反覆朗讀的過程中，忽然靈光一閃，豁然開朗。

「我告訴其他人，大家都很驚訝歐拉居然在兩百五十年前就有辦法想到這種概念。」

看到黑川老師幸福的表情，我忍不住喃喃說道：

「總覺得數學這個興趣真是超級棒的。」

「嗯，只需要紙和筆，然後有時間和空間，就可以沉浸其中。」

「時間和空間嗎？時間是思考的時間呢。那空間是指……」

「可以存放大量紙張的空間。」

黑川老師打趣地說。

即使對未解決的問題提供出了鉅額獎金，但搞不好數學家對那些獎金根本興趣缺缺。

提出問題、挑戰問題，應該比奪得獎金有價值多了。

解開千禧年大獎難題之一的龐加萊猜想的俄國數學家格里戈里．裴瑞爾曼，就拒絕領取百萬美元的獎金。至於理由，則沒有公開。

傍晚打道回府的路上，我們沉浸在奇妙的滿足之中。

「總覺得不光是數學的猜想，也聽到了黑川老師的人生觀。」

我說，袖山小姐笑道：

「雖然明明從頭到尾都在聊數學呢。」

當然，現在我也明白了為何會有這樣的感覺。因為數學與人生殊途同歸。

「不只是黑川老師，我們去會會更多的數學家吧！」

「我也正這麼打算。」

我們相視點頭。

如果說數學家就是窮究心中疑問的人，那麼有多少人，就有多少種數學和魅力吧？來把它當成新的二宮猜想好了。這是個比計算痣的數目美好許多的未解決問題。

我和袖山小姐立刻著手準備。

3 研究數學，就是研究人

加藤文元老師（東京工業大學教授）

黑川老師表示，「只需要鉛筆和紙就可以沉浸在數學裡」，我對此暗自感到共鳴。

「我覺得跟小說家有點像耶！就像無本生意。」

從事這行不必雇員工，也不需要設備。袖山小姐也點點頭！

「確實，都是在腦中進行創作嘛！」

說起來，我是對兩邊都不用花錢這一點感到親近。但沒想到這樣的成見一下子就被顛覆了。

★數學家會出門旅行

「做數學是很花錢的學問。」

據說，嗜好是彈鋼琴的加藤文元老師，以英俊的五官輕描淡寫地如此斷定。

這裡是東京工業大學，加藤老師的研究室。整理得井井有條的室內，予人的印象和黑川老師的研究室截然相反。

「咦？是什麼地方花錢呢……？」

我提心吊膽地問。環顧房間，也只有書架上擺滿了專門書籍，好像沒看到什麼昂貴的機器。

「當然不像工學院那樣需要購買實驗儀器，但也不是完全不用花錢。其實出差旅行的花費不少。不管是前往哪裡，或是邀請什麼人來都可以，總之頻繁地與各種人士碰面交流，是研究數學相當重要的一環。」

實際上，加藤老師擔任東工大數學系的教授，在每天忙碌的生活之餘，仍時常抽空前往義大利、埃及、法國等地出差。

「這是為什麼呢？數學不是一個人的研究嗎？」

「最後證明定理、解開問題的階段，是自己一個人沒錯。但比方說，在解開分析方面的問題時，光做分析，還是有它的極限。」

「意思是需要完全不同的觀點嗎？但領域完全不同的研究者聚在一起，有辦法討論嗎？」

「要從零開始討論。譬如說，『我現在遇到這樣的問題』，其他領域就會有人說：『這太簡單了，這樣做就行了。』、『不，事情沒這麼單純，是這樣的問題……』、『那，這麼做如何？』……就像這樣，逐漸深入探討。有時會在過程中激盪出意想不到的新火花。我常聽到對於某個領域的問題，從截然不同的領域切入，結果有了新突破這樣的例子。」

「原來如此，可以像這樣得到靈感呢。」

加藤老師點點頭，接著又說：

「像這樣聊天討論，如果感覺對了，有時候也會攜手合作，共同研究。」

「數學領域的共同研究，是要做些什麼呢？我來證明這邊，你去弄那邊，像這樣嗎？」

我想像兩個人背對背對抗敵人的場面，但似乎有些不同。

「唔……那要到接近尾聲的階段。在那之前，就是不停地討論。在大黑板或白板前，彼此寫下算式，擦擦寫寫……」

我瞄了旁邊一眼。研究室的牆壁，掛了一面占據整面牆的巨大白板。或許在這裡就進行過這樣的討論。

「其他時候，也會為了轉換心情，一起出門散步，上美術館、動物園、公園，或是喝個啤酒……」

「咦？去動物園嗎？原來不是整天關在研究室裡啊。」

「是啊！我想每個人都有不同的風格。」

看來比起我的想像，研究是在更悠閒的氛圍中進行。

「做數學最重要的，就是**和問題一起生活**。」

加藤老師忽然這麼說。

「有時二十四小時都在思考問題，有些時候是放在腦中一隅，在等紅綠燈時會忽然想起來，重新琢磨。總之，就是把問題放在身邊，和數學寢食與共。」

別說放鬆了，這樣根本就是生活的一部分。

「共同研究也是，就是跟那個夥伴一起，與問題朝夕相處。不管是吃飯的時候、旅行的時候，還是出去玩的時候，都可以討論那個問題。」

也就是兩個腦中成天想著同一個問題的人，再朝夕一同相處嗎？

「數學有個說法叫『共鳴箱』。擁有好的共鳴箱是很重要的。」

「共鳴箱？」

共鳴箱本身不會發出聲音，但可以將只聽音樂盒聽不清楚的音樂聲放大，使其變得更清晰。

「有時候對別人說明，可以反過來滋養自己的想法。兩個人的共同研究也是如此，其中一個不停地提出點子，另一個則是不斷地與之共鳴，也有這樣的合作風格吧。」

「那，其中也有擔任共鳴箱的才能特別優秀的數學家嗎？」

「是啊！我認為我也扮演過很多次共鳴箱的角色。」

加藤老師微笑說。

以前有個編輯對我說，「陪作家閒聊，引出他們的創意，就是我的工作」。也有編輯說，「我自認是作家撞牆期的那堵牆壁，所以隨時歡迎老師盡情來撞我」。

或許在面對某些難題的時候，只要和別人說說話，即使是無法跨越的高牆，也有辦法一躍而過。

我覺得這種共鳴箱的方法不光是數學，也被應用在各種領域上。

「所以做數學是很花錢的，大半都花在旅行上。」前往各地拜訪，和形形色色的人聊天，喝啤酒，去動物園。週末或許還會烤個肉，社交性十足。加藤老師所描述的數學家真實樣貌，與我任意想像的孤獨數學家大相逕庭。

老師說，其中也有些人能靠獨自一個人創造出自己的數學，但那是極少數的天才。

「那麼，假設提供一個地方，讓全世界的數學家齊聚一堂，可以天天討論，會是理想的數學研究環境嗎？」

「唔……不太好說呢。」

加藤老師半晌沒有回答。

「每四年有一次國際會議，如果它變成常態性的，應該會比現在更好……」

「不能說一定就會更理想嗎？」

「是啊，還是會形成學派吧！只要有人提出一個點子，就會以那個人為中心形成學派，但能將那個點子提升到更高境界的，可能會是其他學派。如果沒有人能夠在一定程度的距離外觀察，就沒辦法客觀地看待點子，或是從不同的角度去進一步鑽研。這有很多具體的例子，比方說，有位叫格羅騰迪克的數學家。」

前天是他的生日——加藤老師隨口補充道。

「他創造了新的數學空間概念，在各種意義上改變了數學。許多人支持他提出的概念，成功加以拓展。這是發生在法國的事。可是，在格羅騰迪克以後，真正能夠有所創新的，卻是在美國和日本。」

「反而是相隔遙遠的國家呢。」

「一般認為，法國人——而且是熟悉格羅騰迪克的人，因此過於固守他的精神了。從美國和日本的角度來看，當然也認為格羅騰迪克是個偉人，但是再怎麼說，最崇高的還是數學，所以能夠創新而大膽地去思考。因此集中在一處，未必是百利而無一害。」

雖然需要交流，但也不是黏在一起就好。

總覺得很不可思議。我開始覺得就是因為人類住在這個地球，而地球是個如此廣大的星球，才能有今天的數學發展。

「最近雖然人人都在提倡全球化，但還是維持一定程度的本土化比較好。」

交流是必要的。但另一方面，維持一定的距離也是必要的。也就是說……

「沒錯，需要旅行費。」

數學真是花錢的學問啊！

★看看物理、碰碰生物，然後投入數學

加藤老師說，他剛上大學的時候，壓根兒沒想過要成為數學家。

「我反而覺得讀數學系會變成乖僻的傢伙，對數學敬而遠之。這是一種偏見呢。一開始我想要走物理。」

「這樣啊！那是從物理跳槽數學……」

「啊，不是的。讀到一半，我覺得生物看起來比較有趣，畢業後待遇比較好，又跑去讀生物。」

「從物理跳槽生物……」

有點蹊蹺喔？沒有要往數學前進的樣子。

「可是我不太適合做生物。我討厭解剖和實驗……所以一下子就放棄了。這麼一來，也拿不到學分，走投無路，所以就回老家了。」

「咦！」

「我休學回去仙台的老家了。我想要稍微冷靜一下。不過那段期間實在是閒到發慌……所以我讀起了這本書。」

老師從書架上拿給我看的書，書名是《趣味數學教室*》。從封面來看，像

---

*註：日文書名為《おもしろい数学教室》，原文書名為《Mathematics Can Be Fun》，作者為雅科夫・別萊利曼（Yakov Perelman）。

是寫給兒童閱讀的數學入門書。紙張泛黃，年代久遠。

「這是我國中的時候爺爺買給我的。」

「老師是忽然對數學產生興趣，所以拿起來讀嗎？」

「不是，是因為太閒了。」

「太閒了……」

「真的閒得要命，閒到已經沒有別的東西可以讀了。」

似乎是連自己都沒料到會去讀這種東西。

「結果書上介紹了有點奇妙的數。就是『和自己相乘也不會改變，無限延續的數』。我奇怪這到底是在說什麼，算了一下，結果發現似乎有個我從未見識過的數的世界。」

老師向我解釋了一番，結果那個世界的奧妙也讓我大受衝擊。

雖然很想寫在這裡，但需要讀一點算式。願意讀算式的人，請閱讀文末的專欄（P66）。至於即使和實際情況有些不同，但只想要瞭解大概感覺就好的人，請讀以下的譬喻：

大家都會讀推理小說嗎？某個房間發生了殺人命案，現場留下了諸如此類的證據，來推理一下凶手到底是誰吧！這樣的情節，相信各位都耳熟能詳。解謎的過程，多半都是符合現實、邏輯合理。凶手其實是個魔法師，利用詛咒殺死了被害者，或其實是路過的外星人把門鎖上，形成密室，這樣的情節是違反規則的，要是容許這種設定，推理小說就無法成立了……大概。

但世上就是有讓人跌破眼鏡的推理小說。

這些小說任意加上各種匪夷所思的設定，像是主角有四條命，即使被殺，只要是三次以內都會復活；或每一個角色都有十隻手；或是每翻一頁，偵探就會多一歲。雖然剛開始讀的時候，會覺得「這什麼鬼東西」，但作為推理小說，並不一定就不成立。

如果是角色死亡三次以內都能復活的小說，那就是被殺三次都沒關係的角色，面臨了第四次的死亡危機，開始焦急。或是說出錯誤的被殺次數，結果成為揪出凶手的證據。

這類小說活用這樣的設定，毫無矛盾地進行推理，並邏輯圓滿地導出凶手。

我第一次讀到這種作品時，大受震撼，心想原來推理小說比我所想的要更自由、有更多的創作方式。

加藤老師發現的數的世界，或許就有點像這種跳脫常規的推理小說。雖然違反一般想來不可能成立的規範，卻又能自圓其說，在其中符合自己的邏輯規則，是這樣的數學。

「因為是截然不同的數的世界，所以答案和形態也完全不同，但令人驚訝的是，在它的世界裡，是可以確實計算出來的。完全合理。而且在那個世界裡自有一套定理，可以加以證明。」

加藤老師說他湧出興趣，嘗試了各種應用。他拿來套用在高中學到的一元二次方程式的公式解，或思考新的定理，加以證明。

「有一次我在學長介紹下，有機會請東北大學數學系的小田忠雄老師看看我的筆記。我說，我想到這樣的內容，結果小田老師告訴我『這是p進數』。是約一百年前一位叫庫爾特·亨澤爾（Kurt Hensel）的德國學者發現的概念。」

小田老師讀了加藤老師以自己的思路寫下的定理，給了他許多意見。

「雖然筆記裡面幾乎都是一些像垃圾的定理，但也有些有價值的定理。小田老師挑出來告訴我：『你想到的這個定理，叫做亨澤爾引理（Hensel's lemma），這本書有寫，喏，就是這個。』」

加藤老師因此得知，他以數學入門書為線索，自行摸索思考得到的定理，其實是過去偉大的數學家辛苦走到的地點。

看到記載在學術書籍上的那則定理時，加藤老師是什麼心情……？

實際看看亨澤爾引理比較快。

R為完備賦值環，賦值理想為p時，

R上的一元多項式$f(x)$、$g_0(x)$、$h_0(x)$，

$g_0(x)$為首一多項式，$g_0(x)$、$h_0(x)$的結式d，

若$d^{-2}(f(x)-g_0(x)h_0(x)) \in p\mathbf{R}[x]$，則$\exists g(x)$、$h(x) \in \mathbf{R}[x]$，

(1) $g(x)$為首一多項式，(2) $f=gh$，(3) $g(x)-g_0(x) \in dp\mathbf{R}[x]$

$h(x)-h_0(x) \in dp\mathbf{R}[x]$。

「那時候我完全看不懂。」

加藤老師低聲說。

「明明是自己證明出來的定理，卻看不懂嗎？」

「對，完全看不懂。應該說，當時我甚至看不出是一樣的定理。」

完備賦值環、賦值理想、首一多項式、結式——定理中火星文般的連串詞彙，看得我頭昏眼花。

「所以得要從解讀開始。『完備賦值環』的話，首先就要學習什麼是環。瞭解什麼是環以後，接著學習賦值環。這又相當困難。接著再去瞭解完備賦值環是什麼意思……」

短短的幾行文字，解讀起來卻是舉步維艱。

「不光是代數，點集拓樸、微積分，除此之外還有函數等等，沒有所謂的數學基礎底子，還是看不懂。所以我把該學的都學了一下。大概過了十個月左右，我才開始看得出大概是和自己的定理一樣的東西。」

「太辛苦了。」

「不過呢，這段過程非常刺激。」

加藤老師的眼睛閃閃發亮。

「我在自己想出這個定理的時候，下了一番極大的苦功。因為我本來只有高中生程度的知識，數學記號和語言也非常貧乏。但是我運用這些有限的知識，自己打造出新的理論，整合條件那些也全都是自己想出來的。但有些想法還是難以表達。」

加藤老師停頓了一拍，接著說：

「不過現代數學真的很棒，有僅以一個詞就把那些東西表達出來的詞彙和概念。比方說，像『完備』就是這樣一個詞。它可以把我費盡心思試著表達出來的概念直接說出來，真的太讓人感動了。」

在理解的同時，加藤老師也瞭解到亨澤爾引理是多麼地明快、美麗。他說因為經歷過一番嘔心瀝血，得到的感動也就格外巨大。加藤老師被現代數學宛如快刀斬亂麻的威力所吸引，決定轉進數學系。

「為了從生物系轉到數學系，我留級了兩年，所以晚了別人兩年。我多少擔心這會造成不利，但也想要盡其所能，挑戰自己的極限。我就是如此強烈地想要研究數學，也是如此強烈地被數學吸引。」

從在老家偶然拿起數學入門書，到理解亨澤爾引理。加藤老師等於是沉浸在「和問題一同生活」之中，並對此上了癮。

★一手拿著地圖享受的數學

數學總給人一種封閉的印象。

不必花錢，一個人在腦中思考，和無聊的算式大眼瞪小眼。是孤獨、排他，只有天選之人才有辦法從事的活動。但實際上似乎並非如此。

數學家會旅行全世界，認識許多人，接觸五花八門的想法。同時就像加藤老師陰錯陽差、一頭栽進數學那樣，看似枯燥無味的算式當中，也潛藏著令人驚奇的世界。

「數學是一門樂趣無窮的學問，不光是找到問題、去解開而已。」

加藤老師輕摸下巴說道。

「數學史當中，也有許多困難的問題。譬如說有個定理，找到技法去證明它，其實是希臘獨有的。印度和阿拉伯的數學又不一樣了，這些地方的數學，是朝追求更快的計算方法發展。為什麼會這樣？為什麼今天的主流會是希臘的方式？調查這些差異，不僅有價值，也十分有趣。」

數學指的是什麼？窮究到最後，會變成「人是什麼？」的問題。

為何十進位制會變得發達？這應該和人有十根指頭不無關係吧。

為何人會計算物品？應該是因為需要分配和交換，也就是與人類是群居動物密切相關。

「我認為，研究數學，就是研究人。數學其實是一門非常有人性、充滿人味的學問。」

忽然間，我注意到研究室的白板角落貼了一樣東西，乍看之下和數學系八竿子打不著。

「這是地圖嗎？」

「是巴黎的古地圖。前些日子我寫了一本關於伽羅瓦*這名數學家的書，針對他做了許多功課。我買了當時的地圖，實際走過他應該走過的街道。」

加藤老師取下磁鐵，將約一百八十年前的地圖攤開在桌上給我們看。藍色的墨水雖然有些暈染，仍然能夠清楚地辨識。

「看，這是城牆。伽羅瓦因為參與政治活動而下獄，他被收監的聖佩拉吉監獄（Sainte-Pélagie）就在這裡。就像你看到的，這邊的塞納河對岸，完全沒有建築物……當時一定是十足的田園風景吧！不過，現在已經完全被建築物填滿了。我猜想，伽羅瓦和別人用手槍決鬥的地點應該就在這一帶。然後他在決鬥中受了傷，年僅二十歲就這樣英年早逝了。」

看著地圖，搭配說明，原本只存在於教科書裡的偉大數學家，就彷彿成了只是生在稍微不同的時間和地點的熟人。

「實際走在街道上相當有趣。會冒出各種想法，像是原來這一帶地勢有點低、如果要決鬥的話，這裡比較好等等。然後我會想，啊，我現在正在盡情享受著數學……也是有這樣的享受方式的。」

加藤老師笑了。

以為數學家都是獨行其道，真是大錯特錯。

反而透過數學，可以遙想古代數學家的決鬥場景，還能和全世界的人討論一個人無法應付的概念。

數學甚至能超越語言、國界和時間，連繫起人與人，成為一道開啟世界的門扉。

＊註：伽羅瓦，Évariste Galois（1811-1832），著名法國數學家，為伽羅瓦理論奠定了基礎。

補充專欄 Column

關於加藤老師遇到的奇妙的數的世界，我借用老師著作的部分算式，來帶領讀者一窺究竟。

嚴格來說，這和老師讀到的「和自己相乘也不會改變，無限延續的數」不同，但希望各位能感受一下它的氛圍。

等比級數有個和公式，是這樣的公式：

首項為a，公比為r時，

$$a+ar+ar^2+ar^3+\cdots=\frac{a}{1-r}$$

以1代入a，

$$1+r+r^2+r^3+\cdots=\frac{1}{1-r}$$

這個公式在r的絕對值小於1時會成立，但這裡故意用10來代入

r。雖然違反規則，不過總之先算下去再說。

$$1+10+100+1000+\cdots=-\frac{1}{9}$$

如此一來，左邊就會變成位數無限的數字了。雖然有像0．11111……這種小數點後無限延伸的數，但這是另外一種情形，會出現……11 111這樣的無限數字。至於這樣哪裡奇怪，只要把兩邊都乘上9，就很清楚了。

$$\cdots 99999999=-1$$

這本來就是違反規則、玩弄數字，當然看起來完全就是錯得離譜。思考這種事或許沒有意義，但其實這時候我們已經踏進了加藤老師所說的「從未看過的數的世界」。

來計算看看吧！比方說，這個算式的右邊是−1，那麼左邊加上1，也應該要得出0才對。照平常的方式筆算看看：

$$
\begin{array}{r}
\cdots 999999999 \\
+ \qquad\qquad 1 \\
\hline
\cdots 000000000 = 0
\end{array}
$$

結果會無限進位下去，最後變成了0。

算式居然吻合！

接下來，試試其他的計算。

-1乘上-1等於1。這表示算式左邊乘上自己，也應該要變成1才對，真的如此嗎？

```
   ···999999999999999999999999999999
×  ···999999999999999999999999999999
-----------------------------------
   ···999999999999999999999999999991
   ···99999999999999999999999999991
   ···9999999999999999999999999991
   ···999999999999999999999999991
+  ································
-----------------------------------
   ································0001=1
```

真的變成1了！在這個世界裡，一切都是首尾相合的。

■參考文獻：加藤文元著《做數學的精神 正確的創造，美的發現》（数学する精神 正しさの創造、美しさの発見／中公新書，暫譯）、加藤文元．中井保行共著《朝天上延伸的數》（天に向かって続く数／日本評論社，暫譯）

4 數學或許接近藝術

千葉逸人老師（採訪當時為九州大學副教授，現任東北大學教授）

我們來到了九州大學。

「致沒拿到學分，確定留級的同學：本課程不接受求情，無任何補救措施。

想要學分的人敲這道門，就會爆炸。」

在研究室的門口張貼這張公告的，就是千葉逸人老師。炯炯有神的渾圓大眼、嘴角下撇的嘴巴、清瘦身材，一身T恤牛仔褲裝扮。千葉老師的外貌十分年輕，說是大學生也不會有人懷疑。

「我不喜歡拘謹禮數那一套。我就是這種個性。」

但千葉老師的驚人之舉還不止這一樁。

他宣布一旦過了作業繳交期限，作業收件盒就會變成啤酒收件盒，此後只收啤酒；或說「剛放完黃金週連假的星期一第一堂課，簡直罪不可赦」，所以停課，為所欲為。就算不喜歡綁手綁腳，也未免自由過頭了吧？

「書架上幾乎都是啤酒瓶！」

我環顧研究室裡面驚呼。雖然也有數學相關書籍，但占了不到一半。

千葉老師也沒有不可告人的祕密被看見的樣子，他慢慢地起身，打開書架的玻璃門。

「這是我的啤酒瓶收藏。這些展示出來的啤酒，是我喜歡的酒標，或是海外的稀有啤酒，錯過就再也買不到了。像這個是蘇格蘭的啤酒，釀造後放進威士忌木桶裡熟成的。上面不是有30嗎？表示用的是三十年的威士忌酒桶，煙燻味和薰香感會滲透到啤酒裡面。這一個叫雪莉桶，就是存放在雪莉酒的木桶裡……」

雖然也開始懷疑老師只是個嗜酒的傷腦筋人物，但當然光是這樣，不可能當上大學老師。

「這個是什麼？」

「這是得到文部科學大臣表揚時領到的獎盃和獎牌。這個不曉得是什麼，因為有機會在亞洲數學家會議演講，講一講他們就送給我了，嗯。」

老師手裡把玩著五光十色的閃亮獎牌，以及銀色的圓盤，輕描淡寫地說。

沒錯，千葉老師年僅三十五，便做出了許多耀眼的學術成績，是年輕數學家的希望之星。

不過把文部科學大臣、亞洲和酒瓶擺在一起，這樣好嗎？

★寫出大學教科書的大學生

有本書叫《一點就通 工學院的數學課》（これならわかる 工学部で学ぶ数学，暫譯）。這本教科書主要整理了大學課程中教授的應用數學內容，簡潔易懂，被視為名著。

「對，是我大三的時候寫的。」

這本書的作者就是千葉老師，而且是他在讀大學的時候完成的。

還有一本書叫《從向量分析入門幾何學》（ベクトル解析からの幾何学入門，暫譯）。是以高中數學水準學習幾何學的書，一樣備受好評，甚至有人說在這個領域，沒有比這本書更好的入門書了。

「這是我在大四的時候寫完、研究所一年級的時候出版的。」

成為老師以後寫書，我還可以理解，但當學生的時候就寫出教科書，讓我有點難以想像。

「也就是說，千葉老師當時雖然還是學習的一方，但已經達到能夠教人的水準了呢。老師果然從小理解力就高人一等嗎？」

從以前就是個神童，兩三下就能解開艱深的數學題，連大人都自嘆弗如——我正以為會得到這樣的答案，沒想到千葉老師搖頭否定說：

「不，也沒有。我從小就喜歡想東想西，頂多就這樣而已。」

「那比方說讀小學的時候，千葉老師都在想些什麼？」

「唔，也沒想什麼，想大便之類的東西吧！」

「原來如此，想大便啊……」

和我半斤八兩——我在筆記本上寫道。

「我是喜歡唸書，但讀的是很普通的久留米的公立高中，也不是班上第一名。大學也重考過。上高中之前，真的每天都無聊得要命。我不瞭解自己的個性，也沒有比別人更特出的地方，朋友也不多……」

「咦！是這樣嗎？」

「大學會進工學院，也是因為我喜歡看太空圖鑑那些。我希望將來能從事太空相關行業，進了工學院的物理工程系。那個時候我不知道有數學家這種職業。倒不如說，我連數學家這個詞都不知道。」

「那，老師怎麼能寫出這種書？」

「喔，既然都能寫書了，當然是因為我在這方面有過人之處囉。雖然這樣說有點自賣自誇啦。但比起天分，我覺得大概是因為我花在唸書上的時間比別人壓倒性的長。」

千葉老師不管是誇讚自己還是消遣自己，口氣都不帶挖苦，十分坦然自在。

所以當時他應該真的比任何人都還要認真用功，小時候也真的腦袋裡只想著大便那些吧！

「唸書時間很長，是有多長呢？」

「一整天都在唸書。因為那時候我唸書唸得很快樂。睡覺的時候，我在夢裡研究數學，打工和社團活動時，也都會找時間思考數學。真的是一天二十四小時，心心念念都是數學。」

老師說他因為唸書坐太久，坐到連牛仔褲的屁股位置都磨破了。

當時千葉老師雖然讀的是工學院，但也可以選修數學系的課程。因此他試著接觸數學，結果整個人一頭栽進數學的世界，不可自拔。

「原本我只是公開在自己的網站上，完全沒有要寫書的計畫。那是網路剛開始普及的時代，我覺得既然書都讀了，不如試著把自己學到的內容整理到網站上，就這樣開始了。出於自我滿足呢。但是既然公開在網站上，就是要給人看的，所以我在架構上下了一番工夫，務求更明瞭易讀。」

「老師是一邊學一邊寫，對吧？」

「對，所以我也是參考別人寫的書來寫出內容。雖然參考別人的書，但證明和例題、整體架構，還有說明的次序那些，都是我自己重新編寫過的。這讓我獲益良多。」

千葉老師說，他現在甚至建議學生也學他這麼做。

「隨意閱讀各種書籍也是個好方法。不過譬如說，我建議把大學一年級的微積分教科書當中，公認評價不錯的幾本全部以自己的一套方法重新編排過等等。一年級就學完的內容，就算花四年去做也沒關係，試著什麼都不參考，自己在筆記本上重新編寫出來。次序和方法沒必要跟書本一樣，用自己覺得最容易理解、最美的方法去寫。」

「這樣的研讀方法，才是真正的數學學習嗎？說到數學，總有一種學會解法，然後練習到能純熟應用那種解法的印象。」

「唔……至少我自己從來沒有去背過證明和公式。那些都是自己在腦袋裡建構出來的。」

千葉老師也說，能夠教導別人，知識才算是真正內化為自己的血肉。我漸漸搞不懂是千葉老師的理解力特別好，所以才能寫書，還是因為寫了書，所以才深刻地融會貫通。

「數學這東西，一旦融會貫通，就真的非常簡單。不管再難的定理都一樣，比方說像這麼厚的書……」

千葉老師從書架上取出厚如辭典的原文書。

「全部讀完、完全理解，應該要花上一年左右，卻非常簡單地融入我的腦中。我什麼都不用參考，就可以隨時把它們全部重新寫出來。一旦徹底理解，就真的超級簡單。」

真正的理解，或許就是這麼一回事。不只是數學，我們平常對於任何事，理解到底有多深？

★麵包的各種用途

「數學的研究，也是那種『真正的理解』的累積嗎？」

「說到研究，就必須產出新的概念等等，所以和學習又有點不同了。是要依據過去的研究，或是前人提出的定理，去開拓從來沒有人想到過的新領域。不過做研究沒那麼單純，不是想就能立刻做到的。倒不如說，要是那麼輕易就能成功，前人老早就做出來了。所以不光是理解，還必須以自己的方式去解釋腦中理解的事，以自己的觀點重新消化、建構。在這樣的過程中，會出現別人不曾想到的應用。」

進入「重新建構」階段前的過程，和剛才說的寫書的工程很類似，但層次提高了許多。因為要從裡面產出新的事物。

「即使是同一個定理，不同的人看到，就會有不同的觀點，就是從這裡讓思考朝各自不同的方向發展。」

「想法有那麼多樣嗎？」

「有的。看到一個公式，如果是研究數論的人，或許會將它視為整數之間的關係式；如果是我，或許會想到可以應用在微分方程式的某些問題上。每個人有自己擅長、專門的領域，所以會想要朝那邊發揮。」

「也就是說，看到同一塊麵包，廚師會想要把它放進食譜裡，畫家會想要拿來當橡皮擦，動物園保育員會想要拿去餵鳥，是這種感覺嗎？曝露在各種觀點之中，又會發明出新的麵包，讓麵包的世界繼續發展。」

千葉老師點點頭說：

「大概就是這種感覺。」

「難道，如果沒有『各式各樣的人』和『各自的一套』，數學就沒辦法發展了嗎？」

「沒錯，完全就是這樣。」

千葉老師把玩著下巴的鬍鬚說。

原來如此。我似乎理解千葉老師買整箱啤酒放在研究室，偶爾在推特貼文討論大便的理由了。

也是需要這種人的。

即使套上一成不變的做法，數學也無法有所突破。數學希望人類能夠本著自我、活得自由率性。

★數學家都像好哥兒們！

「我對年長的教授說話，也完全不用敬語。我老婆常罵我沒大沒小。」

事實上，感覺得出千葉老師和我交談時，很刻意在使用敬語。現在我們喝著咖啡，但感覺一沾上酒精，馬上就要稱兄道弟起來了。

「她會說，『你怎麼這麼沒禮貌』。可是對方也一樣是數學家，和我有相似的一面，所以完全不會介意。我想每一所大學風氣不同，但我身邊的數學家彼此感情都很好，非常友善。」

「這是為什麼呢？」

「因為彼此都是做數學的，尊敬彼此的數學。這和年齡、位階無關。幾乎不會有什麼『這位老師在數學方面更了不起』的事。每個人研究的主題、問題都不一樣，解釋也不同。當然，年長的教授有更多過去的累積，但單獨來看，有時候年輕的老師有更驚人的學術成就。喔，我自己在學術方面，解開藏本猜想*算是個成就吧！雖然這樣說有點老王賣瓜啦。」

藏本猜想，是物理學家藏本由紀老師所提出的困難問題，長達三十年以上都沒有人能夠解開。

「以某個意義來說，是對等的呢。」

忽然間，我想起以前採訪某位低音管演奏家時的事。當時對方也說，對於其他的低音管演奏家，從來不會感到嫉妒。因為雖然一樣是吹低音管，但每個人吹奏的都是截然不同的音樂。每個人都有只屬於自己的音樂。

「嗯，完全沒有嫉妒、競爭心、上下關係這些。研究所的學生也是，讀到博士的話，都有各自的問題。在那個領域專精的部分，比起指導教授，做研究的學生要更瞭解。不到這樣的水準，是沒辦法拿到博士學位的。所以我也把他們當成研究者看待，彼此之間是平等的關係。」

「這樣算是非常特殊的業界吧？」

「或許很接近藝術。重視的是原創性，或『個性就是一切』。所以到了某個階段，就沒辦法再往下教了。畢竟，就算學生研究我能教的內容，也無法做出新的成果和創新的研究。所以**沒辦法教**。」

＊註：藏本猜想，經過證明後稱為「藏本模型」，用以描述大量偶合振子的同步行為。

只能走出自己的路。

「實驗類的學科，必須許多人一起做實驗，教授也必須到處申請研究經費，所以無可避免會形成金字塔結構。或許會有競爭對手，也必須搶著當第一個發現的人。像專利那些和金錢相關的事，就算只快了一天，也是快的人拿走。」

「經常出現是誰先發現、誰先發明的爭論呢。」

「但數學就完全沒有這種問題。即使剛好A和B在同一個時期發現同一個定理，也不會因此吵起來。就算相差一年，也會冠上『AB定理』這樣的名稱。」

「這是因為不同研究者的數學，會有各自不同的解釋嗎？」

「沒錯。得出那個定理的人，彼此的數學都是有價值的。以登山來比喻，即使爬到山頂的結果相同，登山路徑也完全不同。而且有人用登山繩，有人用滑雪板，然後彼此都肯定對方的方法非常棒。」

我心想：如果能在這樣的領域研究數學——不，就算不是數學也行，不管是什麼主題都好……

「千葉老師是不是很幸福？」

「我很幸福。」

老師馬上回答，笑容滿面。

「真的是每天都快樂得不得了。據說美國有份雜誌進行問卷調查，結果數學家是最沒有壓力的職業第一名喔！」

鎮日攢眉苦思，無法得到旁人的理解，抱撼而死。虛構作品裡面也有這樣的數學家角色，但似乎並非每一個數學家都是這樣的。

★味噌湯也是數學

「數學非常柔軟，或者說彈性很大呢。」

我嘆了一口氣說。

因為從小學算數開始，算式就必須按照順序來寫，或是套用特定公式，以特定方式去解，說到數學，就是這樣的東西。

死記規則，並服從規則。我一直以為數學與個性是完全沾不上邊的。

可是，原來數學這麼自由。就算用♂來取代 x，或是寫出♂＋♀＝♪（♂及♀＝適齡的情況）這種莫名其妙的方程式，也可以自信地說：這就是我的數學解釋。因為自己的個性很重要。

千葉老師點點頭：

「沒錯，有人說討厭數學的理由，是因為答案一清二楚。不過那不是數學，而是考試數學。」

「是完全不同的東西呢。」

「對，其實數學是非常自由的。」

「有多自由呢？」

千葉老師一本正經地回答：

「一切都是數學啊！」

太自由了吧。

「舉個例子，普魯士的柯尼斯堡這座小鎮有河川流經。就像這樣，正中央有座島，總共建了七座橋。去這個小鎮觀光時，希望能效率十足地逛過每一個地方。也就是不重覆經過同一座橋，每一座橋都只走一遍，然後回到出發點。這有可能做到嗎？來思考這樣的問題（圖①）。」

千葉老師迅速地在白板上畫了圖。

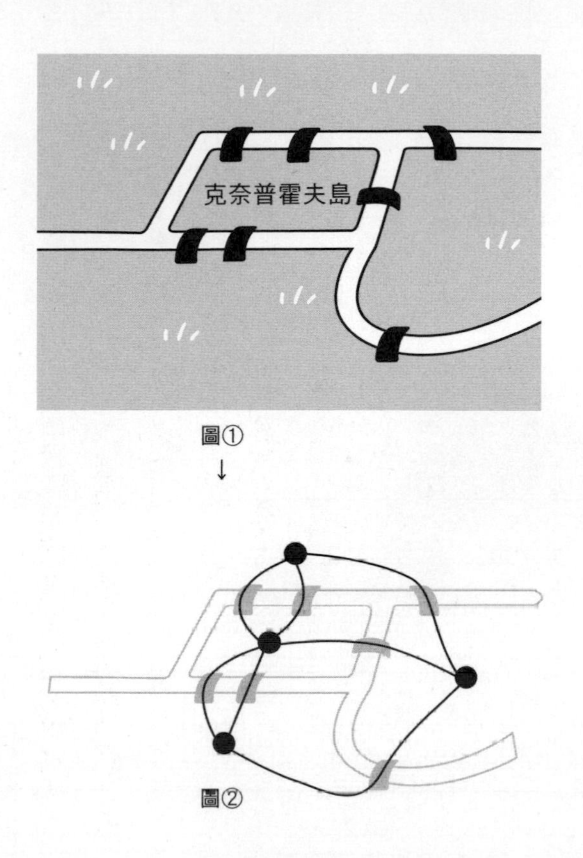

圖①
↓
圖②

「要如何解開這個問題？數學家歐拉有個知名的定理。他用點來表示土地，用線來表示橋，連接點和點。像這樣只取出抽象的結構（圖②）。」

「然後，拿到只由點和線構成的圖形時，歐拉把它變成了一筆畫問題（圖③）。從小鎮和觀光客的問題濃縮成這樣。」

「原來如此，會變成數學呢。變成圖形的問題。」

「對，後來它發展成『圖論』這個數學領域。」

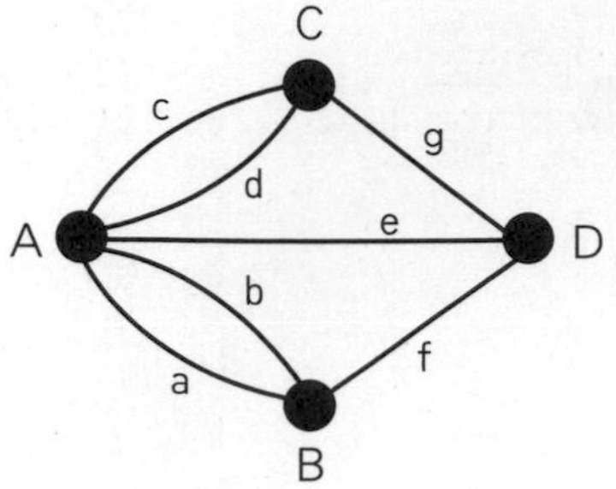

圖③

「這是不是說，必須對事情抱有問題意識？譬如說，要讓雜誌《小說幻冬》以最好的效率銷售出去，要用什麼樣的頻率推出新連載最好這類……」

「會變成數學問題呢。」

「或是頁數是多少的倍數比較好。」

「是數學問題呢。」

就像歐拉把「土地與橋」濃縮成「點和線」那樣，要精簡問題，需要各種技巧。但一開始只需要純粹的疑問就行了。

「所以真的任何事都可以變成數學問題。我也是一樣，譬如說，看到味噌湯的時候會想，味噌湯液體的流動很有趣，簡而言之就是流體力學。這作為數學的研究主題很有意思，雖然很困難，因為有水和味噌兩種成分……」

對什麼感到好奇或疑惑，每個人都不同。換句話說，有多少人，就有多少個數學問題。我漸漸理解為何千葉老師會說『個性就是一切』了。

「那麼，在思考算式那些以前，就已經有數學了呢。從冒出『為什麼？』的念頭瞬間，就已經是數學了。」

「沒錯，算式就像是音樂家使用的音符。要傳達給別人時，有音符會很方便，但就算不會讀樂譜，還是一樣可以享受音樂。本質不在於樂譜，而是演奏。說數學就等於算式，這是大錯特錯。品味數學，不一定需要數字或算式。」

看來一聽到數學就想到複雜的算式，正證明了我深受考試數學的荼毒。怎麼會這樣呢？要怎麼樣才能解釋這種狀況呢？當我們這麼想的時候，就是在研究數學了。

★你沒事的話，洗一下碗好嗎？

「千葉老師平常都怎麼做研究？」

聽到我這個問題，千葉老師坐在椅子上，神情呆滯地開始盯著天花板看。

「像這樣，在研究室發呆。」

看起來完全就像在摸魚。我默默地等待片刻，但老師紋風不動，因此我問：

「那什麼時候會做計算呢？」

「算式那些，大部分都是後半以後的事。研究前半，或是剛萌芽的階段，都在培養妄想，讓妄想茁壯。天馬行空地思考，放空。所以我在家常被我老婆唸：『你沒事的話，洗一下碗好嗎？』我就會回：『我正在思索數學啦！』」

「那，老師會放空很久呢。」

「對啊，想到出神。如果忽然福至心靈，覺得這點子或許行得通，就會寫在紙上計算看看。第一次通常都不順利，覺得不行，又繼續放空。好像可以喔！還是不行——就像這樣，以幾天到幾個月的期間不斷反覆。然後逐漸成形，慢慢地接近答案。」

「那，解開之前，要花上幾年的時間……」

「也要看問題的難度，我之前解開的藏本猜想這個問題，大概花了三年吧。不過解開問題本身並不是那麼重要，身邊的人也不重視這一點，因為大家都是專業人士。更重要的是我為了解題而打造出來的全新理論，這個理論會為其他的數學領域派上用場。是這部分受到肯定。」

這呼應了剛才以登山為比喻的登山路線。「如何爬上去？」才是重點。

「和必須在限制時間內做出正確解答的考試數學是完全不同的東西呢。」

「考試數學的話，需要短時間靈光一閃的能力和計算能力，但研究沒有時間限制。即使計算能力沒那麼好，也有足夠的時間去驗算。所以算到一半算錯了也沒關係。更重要的是看出正確的途徑、覺得這條路行得通的數學直覺。我認為這是一種美感……」

「同樣是登山路線，有的很美，也有的不怎麼樣呢。」

「對。也有人為了尋找更美的登山路線，用別的方法嘗試去解早就已經解開的問題。」

千葉老師點點頭，站到剛才的白板前面。

「像剛才的柯尼斯堡橋的問題，歐拉就得到了非常美的解答。」

有七座橋的小鎮，如何不重複過橋，走遍所有的橋觀光？是指這樣的一筆畫問題。

「以結論來說，這是絕對不可能的事。至於歐拉如何證明這一點……」

「接下來要進入深奧的說明了嗎？」

「不，很簡單的。一筆畫的話，對於一個點，至少必須一進一出，對吧？」

千葉老師手上的白板筆發出啾啾的摩擦聲，在一個點上畫出進入與離開各一個箭頭。

「也就是說，進和出的動作一定各只有一次，並且成雙成對。」

不進，就無法進入那個點，不出，就無法前往下一個點。仔細想想，這很理所當然。

「那麼對於一個點，就需要兩條線，二的倍數的線。所以需要二的倍數，偶數的橋。」

我想了幾十秒，點了點頭。除非能夠飛天，否則就像老師說的。

「假設橋的數目是奇數，比方說三座橋好了。三條線的話，進出之後，會多出一條呢。所以畫不出一筆畫。只能再多走一次其中一座橋。柯尼斯堡所有的點畫完後，是奇數的線，所以不可能畫出一筆畫。完畢。」

證明結束。

「就像這樣，可以做出連外行人都能馬上理解的說明。這就是美麗的證明，也是真正的理解。」

沒有任何算式，也沒有出現任何奇妙的記號。室內只留下靜謐的餘韻。

「這就是我們所追求的事物。」

千葉老師放下白板筆說。

★美麗的數學，美麗的妻子

「話說，老師有不拿手的科目嗎？」

「我以前古文*成績非常爛，考試都不及格。」

「古文？怎麼會呢？」

「因為沒興趣啊。雖然如果好好唸的話，應該可以拿到不錯的成績吧。」

看來對於沒興趣的事物，千葉老師不會為它花費精力。我想了一下，進一步追問：

「我想也有些人是害怕數學，或是沒辦法喜歡數學，如果這樣的人要學數學，老師有什麼建議嗎？」

千葉老師有些困窘地笑了：

「呃，不喜歡的話，也不用勉強吧？」

原來如此，所言甚是。看來我的腦袋已經僵化到不行，認定就是應該要用功、非用功不可。我所認為的數學和千葉老師研究的數學，之間就是有個落差。

「我研究數學，不是因為這是工作，而是因為喜歡數學。然後剛好這麼做有薪水可領。」

因為喜歡。沒錯，因為喜歡。這樣的距離感，能不能用其他的感覺去理解？袖山小姐給了我靈感。

採訪結束後，我們一起去海邊的居酒屋用餐。

喝著啤酒，配著墨魚生魚片，醉意漸漸上來，對話也愈來愈直來直往。千葉老師暫時離席時，袖山小姐說道：

＊註：古文，古典日文，日本高中必修科目之一。

「數學家有時候不是會說數學『很美』嗎？我覺得那好棒喔。」

她的眼睛灑滿了星星。

「什麼意思？」

「我們在日常生活中很少會說什麼東西『美』吧？二宮老師會嗎？」

我搖搖頭。

「光是這樣，就讓人覺得好特別。啊！千葉老師。」

這時千葉老師回來了。

「我想請教老師一件事。」袖山小姐為老師斟啤酒時這麼說。

「數學家會說數學『很美』，對吧？」

「是啊！是啊！」

千葉老師點了點頭。雖然臉上看不出醉意，但他已經喝了不少。

「我和二宮老師在說，這樣的形容好特別。千葉老師的話，除了數學以外，還會說什麼東西『美』嗎？」

千葉老師想了一下，正經八百地說：

「內子呢。嗯，我會說『美』的……就只有數學和妻子，嗯。」

「這也太閃了吧！」袖山小姐笑道。

我也覺得內心有什麼新的門扉打開來了。

純粹因為喜歡而投入。美好的事物。能夠和這樣的事物一起共度人生，無庸置疑，是莫大的幸福。

世間的探究者們

5 日常與數學的兩個世界

堀口智之老師（數學教室講師）

「話說回來，長大以後才接觸到的數學，聽起來都好有趣喔！」

「真的！感覺跟唸書時學的數學是完全不一樣的東西。」

我和袖山小姐在幻冬舍的會議室裡聊得起勁極了。

「總覺得想要從頭再學一次數學了。」

我是真心這麼說，袖山小姐卻沒有同意：

「呃，這我可能不太行……」

袖山小姐說她其實超級痛恨數學，光是看到算式就會起疹子。

「我真的完全搞不懂數學。」

「是搞不懂什麼地方呢？」

「就是連哪裡不懂都不懂啊。我才想問呢，數學好的人，到底是怎麼搞懂數學的？」

說的沒錯。

「比方說，擅長運動的人，一看就是身材精實，或是肌肉結實，對吧？可是數學好的人，跟我們是哪裡不一樣呢？」

「就是啊，明明外表沒什麼不同……怎麼說……」

他們是不是來自外星的生物啊？

要解開這個謎團，向數學大師討教似乎也問不出個所以然。有可能變成對方也不懂我們為什麼不懂，就像我們不懂為什麼我們不懂數學。

「那，接下來要不要去採訪這裡？」

我提議的去處是「大人的數學教室和」。

「不是訪問大學教授，而是數學教室的老師嗎？」

袖山小姐不解地歪頭問。

「請教教人的專家，而不是研究的專家，或許可以得到某些線索——更進一步瞭解數學和數學家的線索。」

「確實如此。」袖山小姐點點頭。

「而且，我聽說現在有愈來愈多人出社會以後，才想要重新學習數學。據說這間數學教室也非常火紅。喏，讓人很好奇對吧？」

「可是，我們的主題標榜的是『神秘優雅的數學家日常』……不知道有馬總編會不會有意見。」

「那麼，請轉告有馬總編，說這個『數學家』指的不光是專家學者，也包括從事數學相關行業的人，請他理解。」

「這樣的歪理他會接受嗎？我去問問。」

結果順利通過了。

我們感謝著總編的寬容大度，出發前往採訪。

★總之先「摸摸看」

「其中一點，是看待問題的角度不一樣。」

經營「大人的數學教室和」的堀口智之先生，告訴我們數學好與不好的人有何差異。

「一般人是學習問題的解法，死背起來，照本宣科地去解題。但數學好的人不會這樣去解。」

數學教室以個別指導為主，劃分成許多小隔間，我們在其中一間和堀口先生面對面坐下。堀口先生感覺是個和善的年輕老師，眼鏡底下的眼睛滿含笑意地回答我們的問題。

「那麼他們是如何解題的？」

「這個嘛，他們會隨便把一些數字放進去。」

說得好像把蔬菜放進購物籃裡一樣。但堀口先生說就算是隨便放，也並非完全不經思考。

「假設遇到一個算式複雜的問題，有一大串的 x 和 y 那些，眼花繚亂。數學不好的人光是看到，就會陷入混亂，完全不知道該從何下手。」

一旁的袖山小姐不住地「嗯嗯」點頭。

「這種時候，數學好的人會往單純的方向思考。先試著把數字丟進算式裡看看。像是隨便用10代入x之類的。如此一來，就會出現計算結果。他們會覺得『原來是這樣』，接著再放進更大一點的數字，像是100。」

「先摸摸看再說，對嗎？」

「對，先放進一些東西來試試看結果，摸索著解題。或是看到算式很長，就拆成三段，先來想想第一段。比方說看到$\frac{\sqrt{3}}{2}+1$這種莫名其妙的數字，他們會想：這看起來很複雜，不過差不多是2，所以先當成2來看這樣。可以有許多種做法。」

哈哈哈——堀口先生從容的笑聲在室內迴響。我和袖山小姐面面相覷。

好暴力的做法啊！我還以為數學好的人，腦中有更抽象的發想此起彼落，冒出天才式的靈光一閃。

堀口先生做出捏黏土的動作，接著說：

「他們會摸來摸去，進行觀察。然後漸漸發現這算式會有什麼表現。比方說二次函數，畫成圖形是這種形狀，對吧？」

堀口先生迅速地在教室白板畫上一個「U」。

「雖然有上凸或下凸等形式，但一般來說，二次函數全部都是這種形狀，其他就只會平行移動而已。這也是一種表現。」

「原來如此，即使是看起來複雜的算式，也有類似共同特徵的東西嗎？」

「對，只要掌握這些地方，不用想得太難，也可以用『大概是這樣吧』的感覺去解題。數學好的人，平常就在做這樣的事。」

表現與觀察。聽堀口先生的口氣，就像在說如何照顧動物，或是做菜時要下多少鹽。

「譬如說，有好幾個像30×30、31×29、32×28……的乘式。你們知道答案數字最大的會是哪一個嗎？其實是30×30。其他的都比這個更小。」

「咦！真的嗎？」

我連忙在腦中開始心算。

30×30是900。31×29是899。32×28是896……。真的，30×30數字最大。

「就是這樣的感覺。如果平日很熟悉，就可以一眼看出來，但不熟的人就看不出來。小嬰兒一開始會胡亂伸手，但不知道力道輕重，所以會弄倒杯子等等。但只要不停地重複動作去嘗試，就能漸漸學到杯子推了就會動、用多大的力道推就會倒，然後學會恰當的伸手拿杯動作。和這是一樣的道理。」

「也就是要看一個人有多少這樣的感覺嗎？」

「對。二宮先生先前採訪過的黑川老師、加藤老師和千葉老師，他們這些數學家對於自己的專門領域，應該比任何人都要親近。ζ函數這些東西的表現，他們的理解之深，搞不好連摸起來是什麼觸感都知道。」

「那……大家並不是從一開始就擅長數學嗎？」

「是啊，都是經驗的累積。」

太令人驚訝了。我們在數學的世界裡，似乎和嬰兒沒有兩樣，那麼，會完全搞不懂狀況也是當然的。但堀口先生說，只要在裡頭打滾掙扎，就會漸漸掌握到感覺。

要治療數學過敏症，不是恐懼並遠離它，而是懷著隨便、差不多的心態，跳進去摸一摸、看一看。

「總覺得我好像也能挑戰數學了！」

我鬆了一口氣。太好了。原來數學好的人，也跟我們一樣是地球人。

★「日常」與「數學」這兩個世界

「當然也要看人，而且說隨便摸摸數字，這也需要直覺。對數學好的人這樣說，他們可能會懂，也就是有『日常的感覺』和『數學的感覺』這兩種感覺。」

堀口先生在白板畫了兩個圓。我正納悶他要做什麼，沒想到他指著一邊的圓，說起驚人之語：

「這個圓呢，就是日常的世界。是我們平常生活的世界。」

「咦？那另一個是……」

「對，這是數學的世界。」

兩個圓宛如星星，浮現在白板上。

「這是兩個截然不同的世界，所以會有不同的感覺。日常的世界觀與數學的世界觀。普通地過生活的話，就只能培養出日常的世界觀。比方說不可以說傷人的話、正式的場合要穿適合的服裝這些，是所謂的常識。這是我們隨著成長，觀察周遭的人，一點一滴潛移默化的常識。」

「難道……」

「沒錯，數學的世界也有一樣的常識，是可以透過觀察學習到的。但兩個世界的常識完全不同。也有人腦袋裡完全被數學的世界觀所占據。有個叫格羅騰迪克的數學家好像就是這樣。我也因為工作的關係，有機會見到那種活在數學世界的人，不過和那樣的人交談，也不太懂他們在說什麼。」

「不太懂？具體來說是……？」

堀口先生歪起頭來：

「怎麼說呢？話題跳躍得太厲害，完全跟不上，或是冒出一串完全不懂的詞彙，或內容太過抽象，無法理解。明明一樣都是在用日語說話。我不太會形容，總之就是整個很瘋狂。」

堀口先生笑道，就好像為世上有那種人而感到欣喜。

「果然還是有住在另一個世界的人呢……」

虧我才剛放下心頭大石，以為大家一樣都是地球人。

「不過，我想每個人在某程度上，都是在數學世界和日常世界之間往來的。」堀口先生說。

舉例來說，每顆兩百日圓的蘋果，要購買五顆的時候。我們會拿起貨架上的圓蘋果放進購物籃裡，拿到收銀檯。但仔細想想，個別的蘋果是不同的物體，每一顆形狀都不一樣，大小也有微妙的差異。我們卻能把它們當成一樣的東西，算成五顆。

其實這個時候，我們已經進入了「數」這個抽象的世界。

在數學的世界裡，兩百日圓一顆的蘋果五顆，我們會計算成 200×5=1000，然後把計算結果帶回原本的世界，從錢包裡掏出一千日圓鈔票。

「把現實世界的行動、機制，帶到數學的世界進行處理。這也叫做建模（modeling）。如果是小型建模，每個人的日常生活中都在進行。」

「那，每個人都有兩個世界，差別是沉浸在哪一邊嗎？」

「嗯，是啊。絕大部分的人都沉浸在日常世界這邊，雖然這也是當然的啦。不過，其中也有人只需要活在抽象的世界裡。這種人根本不會管什麼五顆蘋果，他們主要的世界，是沒有蘋果的世界。」

我歪頭表示不解。有點無法理解這話的意思。

「他們會以世界空無一物時，要如何打造數學這樣的發想開始思考。是有這種人的。」

空無一物。這空洞的形容讓人毛骨悚然。

沒有可以數的蘋果，也沒有十根手指。沒有想要測量面積的土地，也沒有可以測量的工具。

「譬如說，有位叫弗列格*的數學家，他相信一切都能夠單以邏輯來說明，試圖只用邏輯符號來打造數學。雖然最後並沒有成功，但我也是從事數學的人，認為即使宇宙不存在，數學還是能夠存在。」

對他們來說，數學一定是更為切身、熟悉而且親近的東西吧。或許實在的蘋果在他們眼中，反而才是奇異的。

「從大學數學開始，就變成以抽象的、也就是數學世界的學問為主，因此很多人會有碰壁的感覺。有很多數學系的學生從『極限的ε-δ定義』（(ε, δ)-definition of limit）以後就唸不下去了。」

「也就是說，那裡是數學世界居民和日常世界居民的分水嶺呢。『極限的ε-δ定義』是怎樣的內容呢？」

「比方說，像這樣畫出一條直線，這條直線一直延續下去，中間都沒有洞，這要如何以理論來說明？」

畫在白板上的黑線，怎麼看都是連續的一條線。

「不能說『就像看到的一樣』嗎？」

＊註：弗列格，Gottlob Frege（1848-1925），德國數學家、邏輯學家和哲學家，為數理邏輯奠定根基。

「會想要這麼說呢。」

堀口先生的眉毛垂成八字形，一臉為難。

「不行的，要用邏輯、理論來說明。要從『什麼是洞？』、『什麼是沒有洞？』開始說明。」

「要怎麼樣才能用邏輯說明？」

我真的只是隨口問問而已。

但是我錯了。我輕率的一句話，讓訪談陷入了大混亂。

「呃，就是呢，譬如說，全以有理數構成的線，就到處都是洞。如果要以ε-δ來證明的話，可以從有理數列來思考。這樣一來，對任意的ε，有個δ_0，在考慮比此更大的δ時，對於數列$A\delta$，到收斂值α的距離會逐漸比ε更小。像這樣去思考的話……」

連珠砲似地冒出一堆神祕詞彙來。當然，我完全跟不上。頂多就是覺得有理數這個詞似曾相識而已。有理數是指可以用整數或分數來表達的數嗎？在我旁邊，袖山小姐都快昏過去了。數學教室的工作人員趕來支援：

「堀口老師，怎麼了嗎？」

「啊，松中。喔，我想要用ε-δ說明有理數直線有洞，這該怎麼說才好呢？是有戴德金分割（Dedekind cut）那些，很多方法，但我自己也有不是很明確瞭解的部分……」

「……如果要用有理數列的話，把收斂在$\sqrt{2}$的有理數列做為柯西序列（Cauchy sequence）來構成就行了，所以可以把$\sqrt{2}$的十進位小數到小數n位為止的部分用(a_n)來表示……」

「喔，那是這樣嗎？」

來支援的松中先生和堀口先生兩個人邊點頭邊討論，各自在白板寫下記號和數字。

「所以有好幾個同值的命題呢。像戴德金分割和魏爾施特拉斯函數（Weierstrass function），還有區間遞減法（Method of diminishing interval）和柯西序列是收斂的。只要證出其中一個，其他的全部都可以從那裡導出來。」

「就是啊，十九世紀，戴德金*和柯西*這些人就是在設法追求嚴密……」

我們只能縮得小小的，等待暴風雨過去。兩人討論了整整十五分鐘左右，堀口先生終於臉頰泛紅，抹著額頭，抱歉地看我：

「嗯，大概就是這種感覺吧。抱歉，我想這說明應該一點都不容易懂，真不好意思。」

我們才是抱歉，這樣強人所難。我和袖山小姐惶恐地行禮，徹底理解到在這個地方遭遇挫折的學生是什麼心情。

★社會問題更可以利用數學來解決

堀口先生從唸書的時候，就是那種數學好的學生。他說他幾乎不用特別唸什麼，數學就能一直保持在偏差值*七〇，但是進大學以後，還是遇到了瓶頸。

「大學的老師果然非常厲害，我根本望塵莫及。有時候我去請教老師，老師還說：『這個超簡單啊，怎麼不會呢？』讓我覺得，如果沒辦法將那些難題看作是小菜一碟，就沒辦法成為數學家。」

堀口先生原本就認為要單靠數學糊口，門檻極高，因此決定活用自身經驗來創業。應運而生的就是「大人的數學教室和」。

「很多人出社會以後，才想要學習數學。但能滿足這種需求的補習班其實非常少，所以我想要提供這方面的服務。」

「果然是因為數學在社會上很有用嗎？等到出了社會以後，才感覺到數學的必要性……」

「是啊！」堀口先生點點頭後，想了一下訂正說：「不過每個人立場都不一樣。大概可以分成四類。一種是學統計學。統計學現在很盛行，很多人因為想要成為資料分析師、分析大數據，出於這類實際的需求而學數學。第二種則是為了準備考試。像是求職活動的企業統一考試、大學入學考的高中數學。也有數學系學生來我們教室補習。第三種是想要培養數學的感覺。」

＊註：戴德金，Richard Dedekind（1831-1916），德國數學家，在實數理論和代數數論領域有深遠貢獻。

＊註：柯西，Augustin-Louis Cauchy（1789-1857），法國數學家，於微積分學、複變函數和微分方程領域有重要貢獻。

＊註：偏差值，為日本計算學力的方式，顯示個人分數與團體平均分數之間的差距。排名中間的學生偏差值為五〇，愈高表示排名愈前面。

「就是您剛才說的30×30、31×29……的乘法感覺那些呢。」

「是的。這邊的範圍，就是國中數學和算數。最後的第四種，是把研究數學當成興趣。這一類的人形形色色，想要針對喜歡的領域有更深入的瞭解。」

「原來數學有這麼多需求啊。」

堀口先生告訴我們，實際上教室裡面的學生，從小學生到長者，各種年齡層都有。

「是的。所以不是我們推銷說『數學在哪些方面很管用，我來教你們』，而是站在『數學或許能為你解決問題』的立場，來提供服務。我們會詢問顧客的煩惱、夢想、想要成為怎樣的人，然後提供課程建議。」

完全是先有現實上的需求：因為有想要計算的蘋果，所以傳授符合需要的數學世界的技法，是這樣的數學教室。

「比方說當老闆的，會需要計算很大的數字對吧？營收一千兩百萬日圓的店鋪，全國有八百家，總營收會是多少？像這類問題。這也是一樣，只要學會冪運算的思考方式，就可以輕易心算出九十六億這個數字。是一種技巧。冪運算並不是為了計算營收而出現的概念，但是拿到日常世界來，就非常管用。」

堀口先生形容，他的工作就像貿易商，把數學世界的發明物，拿到日常世界來販賣。

「那麼，你們必須知道日常生活中存在著什麼樣的數學問題，也必須對數學世界中哪裡有解答瞭若指掌呢。」

「是啊，這樣的中間人意外地很少。我認為我們的公司就是為了連繫這兩個世界而存在。」

我想起剛才和數學教室的工作人員以未知語言交談的堀口先生。那模樣有點像在旅程中和當地人用異國語言溝通的導遊。

瞭解當地的導遊，都有著和該國相關的有趣過去，堀口先生也不例外。

「我本來就是個數學信徒。以前的我真心相信數學棒透了！只要有數學，就能解釋全世界的一切。但是在創業之前，我進了一家新創公司學習，發現有許多問題光靠數學，實在是無從解決。」

「比方說什麼樣的問題？」

「公司想提出某個服務，但是在法律上卻相當微妙。雖然並未明文禁止，但也沒有明文允許，而且沒有前例。所以我覺得不能貿然一試。也就是我更重視規則。因為在數學的世界，是在公理上進行討論和建構。」

堀口先生反對該計畫，但公司認為現在的社會正需要這樣的服務，自信行得通，最後仍放手一搏，結果大受使用者好評。向政府主管機關報告時，也沒有受到責備，反而得到肯定。

「就是這樣。做生意是更現實的，是靠著人與人之間的關係來推動。我深感那是與數學不同的世界，是以不同的邏輯在運作。這成了我從數學的泥沼金盆洗手的契機。」

這個泥沼，借用堀口先生的形容，是「深不見底、其樂無窮。泡在裡面太久，就會失去日常的感覺」。有些人就這樣徹頭徹尾沉浸在數學世界裡面，但應該也有人像堀口先生這樣，在與現實世界的交流中找到意義。而我和袖山小姐，則依然處於站得遠遠地，眺望著那泥沼的狀態。

與數學的關係因人而異。但這兩個世界居然能重疊在一起，仔細想想，人真是不可思議的生物。搞不好這意味著可以享受到雙重的人生樂趣？

★打造一個讓研究數學的人大放異彩的場所

「喜歡數學的人還是很孤獨的。」

堀口先生低聲說道。

「日常生活中幾乎遇不到同好。因為數學是不懂的人難以理解的世界。所以我舉辦了活動。」

「咦？活動？」

「是的。」堀口先生得意地一笑，他遞給我們一張傳單，上面寫著「浪漫數學夜」。

「這是類似學會，或是讀書會嗎？」

「是更娛樂的活動。我想打造一個讓『研究數學的人一展身手、博得喝采的地方』。因為我本身就很想要這樣的舞台。這是上次活動的照片。」

照片上的光景，就像是劇場或LIVE HOUSE。手持酒杯的觀眾或是站著，或是鼓掌，氣氛熱烈。舞台上有聚光燈，有個人舉起雙手正在表演。螢幕上的文字是「解放你內在的數學」。

「數學迷都滿開心的。那次租的是可以容納兩百人的包廂，全都坐滿了。」

我瞪大了眼睛：

「數學居然能如此娛樂性十足？」

「是啊！多虧了參加者支持，主辦的我們也感受到數學迷的潛力了。」

我和袖山小姐對望。

看來這裡也有個我們所不知道的數學世界。

「有興趣的話，下次要不要來參加看看？」

我有點興趣，但又擔心自己不夠格。袖山小姐似乎也是相同的想法，她提心吊膽地開口：

「可是我對數學真的一竅不通……」

「啊，沒問題的。即使是不懂數學的人，應該也可以玩得很盡興。」

堀口先生打包票說。

不懂數學也能玩得盡興？真有這種事嗎？

總之，這下子沒有理由拒絕了。

6 搞笑哏通往真理

高田老師（タカタ先生・搞笑藝人）

萬里無雲的星期六，商業大樓的一角，我和編輯袖山小姐在此碰頭。

「真的跑來了。」

「真的跑來了。」

我們一臉嚴肅地彼此點點頭。寫著「浪漫數學夜會場5F」的看板雖然時尚，卻顯得冷冰冰的，讓人聯想到求職講座之類的活動。會場布置精緻典雅，椅子是柔軟的沙發。坐起來很舒服，但是在簽到處領到的紙張和上面的文字，讓我們陷入困惑。

「〈挑戰書〉假設數 x 以下的最大整數為[x]，求滿足以下關係式的最小有理數 x。[x/2]+[2x/3]+[3x/4]=4」

把紙張遞給我們的男性工作人員笑容滿面，彷彿在說「好東西要跟好朋友分享」，讓我們心虛極了。我們悄悄地把那張紙折起來，藏進皮包裡。

這樣真的沒問題嗎？活動從中午開始，包括交流會在內，好像一直持續到晚上九點。會不會聽到一堆落落長的冷僻數學內容，暈頭轉向，完全跟不上，最後因為大腦過熱而死掉？

在我們膽戰心驚的情況下，活動開始了。會場暗了下來，播放影片，隨著音樂，主持人現身舞台。

「大家好！歡迎各位的參加。今天呢，保證絕對沒有任何『數騷』——數學騷擾的成分，不管是數學強者還是數學弱者，都可以一起同樂，『浪漫數學夜』就是這樣的活動！」

我和袖山小姐對望。真的嗎？

「我也做過幾次這個活動的主持人了，也聽到過 ζ 函數好幾次，但還是完全不知道那是在說什麼。就算這樣也沒關係，讓我們珍惜這樣的懵懂無知吧！」

戴著眼鏡，穿紅背心的主持人把細長的身體彎成九十度鞠躬，笑咪咪地環顧會場。不知不覺間，會場坐滿了人。有眼睛閃閃發亮地注視著舞台的國中年紀女生，也有看起來有些不安，全身縮得小小的青年。

緊張稍微緩和了一些，但新的疑問浮現心頭。

明明不懂，卻能享受數學樂趣，這真的有可能嗎？我們坐立不安地期待接下來會有什麼花樣。

★能吃的 ζ 函數、與柚子醋是絕配的 Gröbner 基底

「這是不懂數學也能樂在其中的活動。」

主持人高田老師說。

浪漫數學夜基本上由一連串小型演說構成。預先報名的講者陸續發表約八分鐘的簡短演講。如同宣傳詞「解放你內在的數學」，只要與數學相關，什麼樣的

內容都可以，百無禁忌。

「之前也有一名浪漫主義者談到ζ函數。」

「浪漫主義者？」

「啊，抱歉，在這個活動，我們都把演講者稱為『浪漫主義者』。然後，那位浪漫主義者非常喜歡ζ函數這個數學概念，愛得不得了，因為太喜歡了，所以用3D電腦動畫來顯示ζ函數的圖形，還用3D列印機輸出，標榜『摸得到的ζ函數』。他把模型帶到會場來了。」

「原來如此，讓人感受到某種深不可測的浪漫呢。」

「這樣還不夠，接著他好像想吃吃看ζ函數，便用海綿蛋糕和鮮奶油做了ζ函數形狀的蛋糕，名副其實地品嚐了ζ函數。他還把食譜公開在食譜網站Cookpad上面。就是這樣的熱情。」

看著那份食譜，「中央的溝（0<Re(s)<1的領域）也填入鮮奶油」、「s=1的地點用鮮奶油堆出微高的山形，插上蠟燭。以平緩的曲線重現極吧！」等等，太不尋常了。

我恍然大悟，點了點頭。

確實，就算不懂什麼是ζ函數，也知道他們在做某些好玩的事。

隨著活動進行，我也開始歡樂起來了。實際上那些演講，聽起來非常有趣。

有大學生介紹了宛如魔術般有趣的證明方法；有高中生因為計算機代數這個領域很有趣，希望大力推廣，而加以說明；有國中生主張691是最美麗的質數；也有人考察日本古來的數學文化。

有些內容淺顯易懂，也有些聽了完全不懂。但即使跟不上，也不一定就會感到乏味。寫出複雜的算式，開始東弄一點西弄一點，使其不斷地變形，最後變成極精簡的算式，那過程予人一種彷彿在看特技表演的興奮。即使不明白機關何在，仍會深受吸引。

會場的氣氛也具有莫大的感染力吧！每個人都神采奕奕，發自心底欣喜地披露所知。就連在底下看著的人，都跟著興高采烈起來。

特別是這次的主題，「浪漫數學夜U22」，除了偷偷混進來的我們以外，參加者的資格都限制在二十二歲以下，因此熱烈非凡。

這和讀書會那類活動截然不同。

明知道粗魯，但硬要比喻的話，就像是大喜利*。針對數學這個主題，說出有趣的內容，或傾吐自己覺得有趣的地方，就是這樣的場域。觀眾被內容感動，或是被浪漫主義者的熱情所感染，獻上掌聲。因此觀眾和講者之間的籓籬很低，實際上似乎也有不少人是臨時上台發表。

忽然間，我聽到有人高喊：「Gröbner 基底和柚子醋是絕配！」一陣爆笑聲之後，有人提著柚子醋的瓶子登上舞台，還在全場鼓譟下大口灌起柚子醋。但也有人不明所以，東張西望。當然我也是其中之一。

這個哏似乎是來自於數學迷在推特上引發流行的玩笑。「Gröbner 基底」是數學術語，當然不是食物。雖然是小圈子裡的笑哏，但奇妙的是，不會讓人覺得受到冷落。

這場活動和「享受數學」又有些不同，說是「用數學來找樂子」比較正確。就是拿數學當材料，大夥一同玩樂的精神。歡迎新人加入。喜歡數學的孩子不會

---

*註：大喜利，源於歌舞伎的表演形式，多半為參加者針對一個題目，競爭誰表演得最有趣的形式。

變壞，現在才要喜歡上數學的人，也不會變壞。

因為是這種氛圍，所以我很期待接下來的浪漫主義者要發表什麼樣的內容，也忍不住差點跟著一起大喊：「柚子醋！」

「用數學找樂子」還有個例子，那就是遊戲「質數大富豪」。

「今天我想來談談質數大富豪這個遊戲的深奧，以及它的展望。」

有浪漫主義者做了這樣的發表，也有些人就在角落的空間玩起了質數大富豪，這似乎是在數學同好圈裡小有名氣的遊戲。

質數大富豪是以前也擔任過浪漫主義者的關真一朗先生所發明的撲克遊戲。規則很簡單，就像「大富豪*」一樣，依序從手牌裡丟出質數。質數就是只能用1和自己除盡的2以上的整數。黑川信重老師告訴我們，質數就像「數學裡的原子」，對於研究數學的人來說，是非常重要的存在。

比方說，如果有人丟出「2」，下一個人就必須丟出比「2」更大的質數，像是「3」，或是「5」……以這種形式進行遊戲。如果無牌可丟就跳過。沒有人能出牌的話，就清空場上的牌，由打出上一回合最後一張牌的玩家丟出新的質數牌。重複這些步驟，先出完手牌的玩家獲勝。

在質數大富豪裡，可以一次出多張牌。譬如說「4」和「A」一起出，就成為質數「41」。這種情況，下一名玩家也必須出兩張牌，而且還得是比41更大的質數。「9」和「7」成為「97」，或「Q」和「K」成為「１２１３」等，拼湊成豐富多樣的質數。當然也可以出三張以上，讓位數愈來愈大，但這樣一來，就會愈來愈難以驗證是否為質數了。當然，如果出了並非質數的數字，會有罰則。正式規則中，設有一名叫質數判定員的裁判。

手牌的數字，可以湊出什麼樣的質數？對方出的數字真的是質數嗎？透過遊戲思考並學習新的質數，有時湊出數字大得嚇人的質數，讓遊戲趣味橫生。

完全就是在用數學遊戲。

還有特殊規則。大家知道在一般的「大富豪」裡面，有叫做「八切」的規則嗎？也就是只要打出「8」，就會強制結束該回合，讓戰略性大幅提升。「質數

*註：大富豪，一種日本撲克牌遊戲，也稱「大貧民」，玩法近似「大老二」。

大富豪」裡也有類似的規則，叫「格羅騰切」，也就是「5」和「7」，只要打出「57」，就可以強制結束回合。

為什麼會是57？

其實這是一個數學笑話。

數學家格羅騰迪克在某一場演講中，不小心舉了57當做質數的例子。但57可以用3和19來整除，並非質數。據說這件軼事很有名，經常被拿來當成偉大的數學家也會搞錯、或是數學家比起具體實例，更對抽象理論感興趣的例子。

「格羅騰切」也就是一種幽默：既然連格羅騰迪克這樣的大數學家都會搞錯，把57當作質數也沒差吧？至少可以拿來當成質數大富豪的特殊規則*吧？

這裡到底是怎麼回事？

我遠遠地望著熱鬧滾滾的「質數大富豪」區，忍不住煩惱起來。

無庸置疑，他們是打從心底樂在其中。不管是熟客還是新客，都打成一片，爆笑聲不斷。他們看起來遠比一般人更熱愛數字。這就是堀口先生說的「先摸摸看、觀察看看」的感覺嗎？

同時，比起數學的意義，感覺他們似乎更重視「搞笑」。從這方面來看，和清心寡欲地持續研究的數學家，又是另一種不同的世界了。

不過，正當我心想「他們完全把數學當遊戲呢」，放鬆警戒的時候，又會遭遇到讓人嚇破膽的內容。我看了一下發明者關先生的部落格，上面提到「理論上，質數大富豪能打出最大的質數為七十一位數。在兩人對戰中，只要讓對手只有一張『A』，不斷跳過對方，就有可能打出來」、「經過計算，質數大富豪能打出的九位數以內的質數，為五百一十八萬四千八百七十七個」……讓人一窺它的數學背景。我不禁有了一種錯覺：搞不好這是個很重要的研究？

正這麼以為，卻又看到「格羅騰切用方塊打出來，感覺最為鋒利」這種讓人脫力的內容。

這是深奧的數學世界，但仍然也是一種娛樂。讓人覺得「哪有這樣的啦？」卻又覺得「這樣也很有意思」。我想要一些靈感來分析這種奇妙的感覺，決定去訪問高田老師。我想聽聽他身為「浪漫數學夜」主持人的說法，而且也對他本身與數學的關係很感興趣。

＊註：質數大富豪其他還有打出合數等特殊規則。

高田老師是他的藝名。

他是個不折不扣的搞笑藝人，隸屬於吉本創新事務所*，同時也是在高中執教的數學老師，人稱「搞笑數學教師」。如果是他的話，應該知道怎麼「用數學找樂子」。

★在搞笑和數學的夾縫間

清幽的住宅區裡，樓中樓式公寓的其中一戶，就是高田老師的住家兼影片剪輯工作室。

「我大概是讀高中的時候，立志將來要成為搞笑藝人，或是數學老師，但那時候還沒有想過要把搞笑和數學融合在一起。是當成兩種不同的職業看待。」

高田老師個子頎長，戴著眼鏡，外表看起來相當嚴肅。他穿著和擔任主持人時一樣的紅背心，工作模式的時候，似乎都一定是這樣的穿搭。他的聲音清亮，就像藝人或是老師，說話時笑容不絕。

「我本來就喜歡數學，成績也不錯，所以有段時期也想過要成為數學家。不過國中的時候，有個一樣喜歡數學、和我變成好朋友的同學，我在和他的交流過程中受到了相當大的刺激。比方說有一天，他邀我去參加活動，結果那是大學的活動……」

「咦！國中生參加大學活動嗎？」

「對，活動上討論的當然是相當專門的內容。我看著台上的人，心裡只覺得『媽啊……』，完全聽不懂在說什麼。」

高田老師搔了搔微鬈的頭髮。

「然後，我也得知了國際高等研究所這個地方。至於那是什麼地方，我查了一下才知道，以前我都以為數學就是拿著鉛筆和紙一個人思考，但是在國際上，是大家邊喝茶吃點心邊討論的。簡而言之，一個人做數學的時代已經結束了，現在已經是集思廣益的時代。國際高等研究所有宿舍，提供完善的食衣住服務。到處都有白板，上面寫著有人想到的算式，眾人看著那算式，一邊交流討論『如果是我會這樣解』，一邊解題，似乎是這樣的地方。」

＊註：吉本創新事務所，現改名為吉本興業，為日本大型藝人經紀與電視節目製作公司。

「格局完全不同呢。」

「是的，瞭解到這些以後，我總覺得整個人被壓倒了。我對自己的實力、熱情感到極限，放棄了成為數學家的夢想。」

但高田老師還是一樣擅長數學，也會教數學不好的同學。他也非常喜歡搞笑，會自己寫劇本，在文化祭表演搞笑段子。後來，他為了讀大學而來到東京，並煩惱該成為數學老師還是搞笑藝人。

「我一邊上大學，一邊當獨立藝人，但一直沒有搞出名堂來。我在大學畢業的同時成了老師。當老師的話，我有自信做得好。可是結果……不是很順利。也因為和學生的關係每況愈下，最後我只當了一年老師就不幹了。」

從此以後，高田老師就在這兩條路上來來回回。

「如今回想，我是缺乏彈性。我因為自己喜歡數學、擅長數學，所以沒辦法體會討厭數學、數學不好的學生怎麼想。雖然也有學生喜歡我的課，但都是本來就數學好的學生。對於數學不好的學生，必須更淺顯易懂地教導才行，我卻沒想到這一點。」

高田老師微微垂下了頭，接著說：

「我有成為藝人和老師這兩個夢想，卻兩邊都搞砸了。後來我遊手好閒了一年的時間……對搞笑的熱情漸漸復活了。我和別人組成搭檔，用『被學生欺負不幹老師了』這個哏自虐搞笑，加入了吉本的養成所。這段期間，完全沒有演出任何數學哏。」

高田老師再次挑戰搞笑。

「雖然有得到一些回應，但搞笑的世界真的非常嚴格，我還不到成功的地步……很快就走到了盡頭，和搭檔的關係也愈來愈糟，最後解散了。那個時候，我認識了現在的太太，和她結了婚。然後為了支撐家中經濟，想說還是回去當老師好了。」

高田老師再次挑戰教職。

「我一邊當老師，晚上以個人搞笑藝人的身分登台表演，或是拍搞笑影片上傳YouTube，開始這樣的活動形態。我太太是漫畫家，我們考慮等她的收入穩定之後，就讓我專心投入演藝工作，這是暫時性的措施。一開始是這樣的。」

不是專心當藝人，也不是專心當教師。以某個意義來說，是最半吊子的形態。然而這卻帶來了意想不到的變化。

「沒想到這麼做以後，教師工作變得超級順利。」

「這是為什麼？」

「藝人最重要的就是受歡迎。而我當了三年的藝人，所以鍛鍊出彈性了吧。即使自己覺得有趣，如果觀眾反應不佳，就必須修改段子。雖然也不是看學生的臉色，但我萌生出類似『提供學生想要的東西』這種心態。」

天生的藝人精神，在此刻往好的方向發揮了。

為了讓學生不會忘記數學定理，他開始創作口訣歌，教給學生。有「圓周率之歌」、「三角形五心之歌」、「三角函數的和角公式之歌」等等。

高田老師讓我看了他的YouTube頻道影片。

「One、Two、啊One、Two、Three、Four！三角形的五顆心，你可知道是哪五心？重心垂心外心內心旁心……」

「這會在上課的時候唱嗎？」

看到在影片裡吶翻吶喊的模樣，我回頭看高田老師。高田老師一本正經地點點頭說：「對，我會帶吉他到課堂上。」

「哇！好有趣！如果上課都這樣的話，我可能會愛上數學！」

編輯袖山小姐眼睛閃閃發亮地盯著影片說。

高田老師一臉滿足地點點頭，接著說：

「就像搭檔搞笑藝人的M-1大賽、個人搞笑藝人的R-1大賽，教師也有一決勝負的日子，那就是教學參觀日。每次參觀日，我都會準備新歌，帶吉他到教室演唱。副歌最後是：『來，大家也一起唱！』不只是學生，請家長也跟著一起唱，把場子炒得熱鬧滾滾，搞到隔壁班老師都跑來抗議：『拜託安靜一點！』」

簡直就像演唱會現場。

「同學們都因為這樣把定理記起來了嗎？」

「沒錯！二〇一七年一月有一場同學會，是我七年前教過的學生。他們叫我再唱一次當時在課堂上唱的『孟氏定理*和西瓦定理*之歌』。大家也都還記得，

＊註：孟氏定理，Menelaus' theorem，證明三點共線的重要定理。

＊註：西瓦定理，Ceva's theorem，證明三線共點的重要定理。與孟氏定理互為對偶定理。

唱到副歌的時候，全場一起合唱：『頂點、分點、分點、頂點～』」

哈哈哈——高田老師朗聲大笑。

「他們都還記得，真的太好了，我真的欣慰極了。」

高田老師得到了只投入搞笑、或是只投入數學時無法得到的某些成就。

★靠密技一窺真理

能為學生做什麼？

除了唱歌、口訣以外，高田老師還有另一項重視的，就是自己開發解法。

「即使教學生教科書上的解法，也一定會有學生聽不懂。要是以前的我，一定會說：『這已經是最好的解法了，照這樣解就是了。』但現在我會以學生聽不懂為前提，設法讓學生瞭解。所以我會告訴他們：『等我一下喔，我來幫你想個密技。』」

高田老師開發的密技非常多，網路上也介紹了不少。比方說有這樣的題目：

「有一項工作，A一個人來做，必須花a天，B一個人來做，必須花b天。如果A和B兩個人一起來做，需要花幾天？」

簡而言之就是工作計算題，一般都是用分數等方式來解。但根據密技的「高田公式」，答案就是ab/(a+b)日。只要記住這個公式，不用去想一些囉唆的細節，當場就可以導出答案。不過，這個密技只適用於兩個人工作的情況，所以三個人的時候，或一個人途中休息等等的應用題就不適用了。

也就是說，密技有點偏離數學「理解問題本質，找出通用解法」的正途。

「想出密技，讓聽不懂的學生解解看。如果還是解不開，再想想看還能怎麼做，不停地進行創意發想。我會向學生保證『下一堂課以前，我一定會想出讓你們也能解題的密技』，然而有時候下一堂課都快到了，卻什麼都想不到。我會把問題放在腦袋角落，不停地思考，在筆記本上一次又一次修改算式。有些時候，會在當天早上騎自行車去學校的途中靈光一閃。然後趕快寫在筆記本上驗證，結果差點遲到。」

但徹底思考的事實不會改變。就像數學家絞盡腦汁之後，得到真理，高田老師也找到了密技。

「我覺得我在做的事，和江戶時代的『和算*風潮』滿類似的。有個說法是，江戶時代賣得最好的一本書，是叫做《塵劫記*》的算術書。每個人都會讀這本書，用自己想出來的一套算術技巧一較高下。這種算數和現代數學有些不同，不太關注嚴密的證明那些，重點全放在開發解題的技巧，向人披露。名副其實，是一種『術』。比起說出清楚的理由或解釋，更重要的是『我解開了！』、『好厲害！』」

高田老師的眼睛熠熠生輝。

雖然是為了學生而開始思考密技，但高田老師說，他非常熱愛思考這些密技的時光。

「我呢，只要思考搞笑哏，就會超級想睡覺。想睡的程度，會讓人納悶怎麼會睏成這樣。可是思考數學密技的時候，卻會愈來愈清醒，快樂得不得了，整個人生龍活虎起來。」

最近想到的密技是這個——高田老師從旁邊拿來便條紙，用麥克筆迅速寫下幾個數字。

「其實這是搞笑哏啦。有點過時了，不過是演藝新聞。」

寫出來的算式是9.28+29.80+2.14=。

「知道這是什麼嗎？九月二十八日（9.28）——」

高田老師依序指著數字說明。

「福山（29.80）雅治和吹石（2.14）一惠結婚了*。然後，這個算式的答案會是——」

麥克筆在我們面前移動：

「41.22，佳偶天成*。」

「哇塞！」我忍不住驚嘆。

「聽說江戶時代很流行這樣的諧音遊戲。這叫擬算數歌，算是一種語言遊戲、計算遊戲。在舞台上表演這種哏，迴響滿熱烈的，所以我也想了很多。現在

---

*註：和算，日本的傳統數學（算學）。

*註：塵劫記，江戶時代的和算著作，1627年出版，推出後促進了珠算在日本的普及。

*註：日文中，2980和214的讀法分別音近福山（Fukuyama）和吹石（Hukiishi）。

*註：日文中，4122可讀為yoifufu（良い夫婦）。

大概有兩百個吧。」

「這要從頭開始想出來，應該很辛苦吧？」

「是啊！我在看演藝新聞那些的時候，都會思考能不能編成算式。有時候運用諧音雙關，搞到所有的詞彙看起來都像是數字了。我會把藝人的相關資訊，可以變換成數字的，像是生日、出道日這些全部查出來，一個不漏地拿來計算看看。或是把小數點稍微移動一下之類的……我想這應該讓我鍛鍊出超強的計算能力了。」

我完全不會想一笑置之，說這太無聊了。確實，我沒有自信斷定這具有學術價值，但依然十分驚人。因為就算想模仿，也模仿不來。

娛樂與數學。

彼此驚嘆「好厲害」的遊戲，以及對深遠真理的探究。

這兩者似乎處於對極，但是在超乎常人的專注力、嚴肅的心態方面，我覺得有著共通之處。難道只有我一個人這麼覺得嗎？

高田老師忽然想到，告訴我們一件有趣的事：

「有位叫拉馬努金的數學家，完全沒有接受過任何數學的專門教育。他在十五歲的時候遇到一本蒐羅數學公式的書《純數學摘要*》，整個迷上了。據說他就一直翻著那本書，說：『這算式好美啊！』嚴格來說，他本人並不理解那些算式，只是直覺地感到算式很美。然後他在筆記本上寫下自己想到的、覺得美的算式，多達三千個。但拉馬努金自己完全無法進行證明什麼的，所以他把這本『拉馬努金筆記』寄到了英國的大學。」

當然，幾乎所有人都不屑一顧。因為外行人隨手寫下的算式，根本沒有驗證的價值。

「可是，有位叫哈代*的數學家發現：『哇，這些都是如假包換的算式！』他開始驗證拉馬努金所寫的算式，發現在數學上都是正確的。」

「真有這種事嗎？」

幾乎是靈異事件了。

*註：純數學摘要，Synopsis of Pure Mathematics，喬治・肖布里奇・卡爾（G. S. Carr，1837-1914）的著作，書中試圖羅列當時已知的所有數學基礎，但沒有附上證明。

*註：哈代，G. H. Hardy（1877-1947），英國數學家，於1914年成為拉馬努金的導師，曾表示他對數學最大的貢獻是發現拉馬努金。

「雖然還有一些仍在驗證當中，但已經證明絕大多數的算式都是對的。幾年前物理學領域出現的最新理論『超弦理論』（Superstring Theory）當中，也有拉馬努金靈光一閃寫下的算式。超弦理論是利用最新的科技觀測得出結果的理論，因此當時的拉馬努金根本無從得知。但他只因為美這樣的理由，就把它寫了出來。」

我想起千葉逸人老師說過，數學的直覺，是一種美感。

「所以我全心全意朝真正覺得美的事物邁進。我想，提升感性、磨鍊相信算式的能力，或許能夠找到某些真理……」

高田老師望著半空中思考了片刻之後，有些靦腆地繼續說：

「我呢，當然不是在做什麼最新的數學研究，但我挖掘自己有能力探索的地方，也會遇上『啊，找到了！』、『這也是一種真理』的時刻。算式的冷笑話那些也是。像福山雅治的這個，我覺得找不到比它更讚的了。把結婚的日子和名字相加起來，出現『佳偶天成』時，我真的全身起了雞皮疙瘩。」

什麼是真理、什麼是極限？

說穿了，或許只有真正縱身躍入其中的人才能領會。它的價值，也無法一概而論。既然如此，任何做法都是可以的。

能沉迷其中、樂在其中的人才是贏家，不是嗎？

★聽聽我的數學吧！

高田老師正巧遇上了煩惱。

「我覺得我不太適合當老師。」

「會嗎？高田老師全心全意幫助數學不好的學生，學生應該很慶幸有這樣的老師吧？」

「不，如果說讓學生成績進步才叫好老師，我就覺得我不是這樣的老師。密技那些，其實也應該讓學生自己發揮創意，想出自己的一套，才是最好的。」

高田老師瞄了一眼他製作的講義。上面印滿了他努力摸索想出來的密技，配上太太畫的插圖，賞心悅目。

「我教學生的時候，在解法上下了超多工夫，而隔壁班的老師則是完全依照教科書在教。然而一樣的考試，照著教科書教的班級，平均分數往往都比我的班級高分。」

高田老師顯得有些落寞。

「咦？真的嗎？」

「是的。這是我的猜測，我的這種密技解法，會讓學生有種輕鬆解題的感覺。但學生會就此滿足，疏於練習。為了查出原因，我也讓學生做了關於課堂教學的問卷，問他們覺得哪裡不容易懂，結果幾乎所有的學生都說分數不好，是因為『沒唸書』。」

確實，用來記住定理的歌、宛如魔法般的密技非常能夠引起興趣。但或許就是因為太有趣了，變得像遊戲一樣，反而讓人不會認真去讀書了。

「更進一步說，比方說，由某個老師帶班，全班的平均分數就會突飛猛進，但如果換了老師，分數就下滑了。那，這個老師算是好老師嗎？我覺得不算。我認為就算不再帶班了，學生還是能夠維持好成績，這樣的老師才是好老師。那或許是讓學生養成讀書習慣的老師，也有可能是上課一點都不好玩、嚴格得要命的老師。我的行動原理，還是想要讓學生覺得好玩、開心。也就是想要引人發笑。所以我不能算是真正的好老師吧。我想這是適不適合、拿手領域的問題。」

引進搞笑的經驗，讓高田老師得到了某些成果，卻也有點因此弄巧成拙。世事還真是難以面面俱到。

那麼，搞笑方面如何呢？因為把數學話題融入有趣的搞笑哏，讓高田老師得到「浪漫數學夜」的主持人工作，或是撰寫從搞笑觀點解讀數學的書。活躍的場域確實地擴大了。

「但我還太嫩了。所以很難光憑搞笑來贏過別人。」

「太嫩指的是……？」

「世上有些人真的一天二十四小時都在想搞笑的事。這樣說是不太好聽，不過幾乎到了有點病態的地步。像有些人會在不需要裝傻搞笑的會議中一直裝傻，或不停地吐槽。」

高田老師上身前傾，瞪著我倆。

他的身體微微搖晃，像在窺伺出拳時機的拳擊手。

「他們聽著別人說話，隨時都在準備抬槓、吐槽。是從頭到尾一直喔。或許幾乎可以說是社會適應不良了。不過能在搞笑世界成功的，還是這樣的人。我沒辦法做到那麼極端。所以太嫩了。」

搞笑與數學。兩邊的世界，自己都有不足的部分。

「可是，藝人和教師、搞笑和數學，別人覺得我在做完全不同的事，但我自己卻不這麼覺得。兩邊對我來說都是本職，或者說生活方式。數學很美，搞笑很有趣，我只是順從自己這樣的感性，不斷地選擇如何行動，如此罷了。」

高田老師在兩者的夾縫間掙扎著，但仍然不斷地摸索自己能夠做什麼。為了成為獨一無二，而非半吊子的自己。

「所以我希望大家來聽我的數學。聽聽我談論數學。我有自信讓討厭數學的人也覺得：『啊，搞不好數學有點意思喔？』」

高田老師說完，展露笑容。

結束訪談，我們走下階梯，前往玄關。我忽然想到，問：

「這麼說來，您剛才提到的國中同學，現在怎麼了呢？」

「喔，之前我看電視，正好在播拜訪大學還是研究室的節目，螢幕上出現一個研究機關。裡面有來自世界各國的優秀學者，機關裡到處擺著白板，學者日夜進行討論……」

「咦！難道那裡是……」

「對，我覺得好像在哪裡聽過這種地方，結果我同學就在那裡！」

瞬間，我的腦中忽然冒出一個畫面。

擔任「浪漫數學夜」的主持人，休息時間在小隔間和數學迷談笑風生的高田老師。他披露福山雅治的算式冷笑話，還有自己創作的密技，與同好交流——這樣的景象，還有歡樂的笑聲。

高田老師在搞笑和數學這兩條路來來去去，或許已經開拓出『以數學找樂子』的新道路。

這是與站在研究室的白板前，和數學家熱烈討論截然不同的道路。但每個人都走在各自的路上。決定這條路的價值的，是自己。

7 沒想到會如此瘋狂地愛上數學

松中宏樹老師（數學教室講師）
Zeta 大哥（國中生）

受到浪漫數學夜的熱情催化，又聽到高田老師的一席話，我開始有些搞不清楚數學與人的關係了。

原本我模糊地以為，喜歡數學的人只有一小部分，這樣的人會成為數學家，畢生為數學奉獻，但實際上卻不是如此。首先，喜歡數學的人不僅不是一小部分，根本是一大堆。至少人數多到可以讓活動沸騰。他們每一個都是數學家嗎？倒也未必。不過，他們也不是只把數學當成興趣而已。像數學教室的堀口先生、搞笑藝人的高田老師，似乎有些人讓數學紮根在自己的生活深處，過著每一天。

「那樣的生活，到底是什麼樣子呢？」

我和袖山小姐吃著串燒想像著。

「如果數學總是如影隨形，感覺不是很累嗎？因為數學是非常一絲不苟、一板一眼的學問吧？」

「啊，原來如此……」袖山小姐點點頭。「感覺就像一天二十四小時都跟神經質的太太黏在一起？」

「對。不會變得沒辦法適可而止嗎？像是遲到一分鐘都無法原諒。」

「不過我們之前遇到的人，都不是這種感覺啊。」

說的沒錯。實際上究竟如何呢？我們決定去拜訪大肆宣言「我和數學結婚了」的人士。

★或許就像是戀愛

「結婚發言只是一種比喻啦。我並非對女生完全沒興趣。」

松中宏樹先生有些害臊地笑道，眼角溫和地下垂。

「國中的時候，我數學成績還算不錯，上了高中以後就喜歡上了。上大學以後，開始愛上數學，然後出社會以後，感覺終於和數學結婚了。」

「是按部就班來呢。」

「是的。高中以前，是因為能拿到好成績所以喜歡數學。但是大學以後就不一樣了。我讀的是工學院的資訊系，但因為喜歡數學，所以一個勁地只讀數學。那完全就是愛呢。」

松中先生從京都大學研究所畢業後，進入某大型電機廠商擔任系統工程師，工作很順利，但因為對數學的愛，決定轉職成為「大人的數學教室 和」的講師。在浪漫數學夜的簽到處發數學問題給我們的，就是松中先生。

「我在上一個職場工作了七年，聽起來或許像在自誇，但當時的位置，有點像是儲備主管。」

「然而您卻辭職了嗎？公司不會反對嗎？」

「公司每個人都知道我對數學的愛。所以感覺就像『既然是為了數學，那也沒辦法挽回了』。我懷著感謝和歉疚參半的心情換了工作。」

「薪水什麼的，應該也變少了吧？」

「是啊。不過說到賺了錢想要做什麼，說到底還是研究數學嘛。既然如此，不管怎麼想，當然還是把數學當成工作對我來說更好囉！我對數學以外的事真的沒什麼興趣。」

「那，也沒有猶豫……」

「做出這個決定，完全不需要時間考慮。因為我太喜歡數學了。」

松中先生早已決定把人生奉獻給數學。這確實可以說是另類的「因婚離職」，說是和數學結婚，是恰如其分。

「可是，想想國中那時候，我完全沒有想到自己居然會這麼瘋狂地愛上數學。或許這就像是戀愛吧，真的。」

一直陪伴在身邊的青梅竹馬——看著松中先生搔頭的模樣，我任意地這麼想像起來。

「數學的魅力在什麼地方呢？」

「高中數學和大學數學完全不一樣呢。譬如說，會在教科書或數學書籍看到這樣的題目。」

數學教室的牆壁，整面都是白板。松中先生熟練地取下白板筆蓋，流暢地寫下數字：

$$1+1/4+1/9+1/16+1/25+1/36+\cdots\cdots$$

「是分數計算。」

「對。這個算式繼續下去，就會變成這樣。」

松中先生在……的後面寫下等號，揭曉答案。

$$=\pi^2/6$$

「咦？怎麼會？」

我忍不住驚呼。松中先生回頭：

「會非常疑惑對吧？明明分數計算和圓應該無關，居然會在這種地方冒出圓周率π來。至於怎麼會這樣，可以用三角函數來證明……很奇妙，對吧？在大學數學裡，我見識到許多這樣的奧妙。」

「分數計算的根本，不知為何有圓周率隱藏其中，是嗎？」

「是的。然後它們的背後，似乎又棲息著ζ函數。」

我一陣毛骨悚然。

我想起某個蕈菇研究家的事。據說他從山腳到山頂，挖掘各處的泥土，蒐集其中的菌絲進行分析，結果發現所有的DNA都一模一樣。也就是說，整座山都被同一株蕈類所覆蓋殆盡了。光看表面似乎能大致理解的世界，其實潛藏著巨大到無法想像的事物。

「感覺深不可測呢。」

「黑川老師或加藤老師的話，到ζ函數都可以輕鬆理解，但我還不到那種水準。即使如此，知道接下來還有廣大的世界在等著我去發掘，我覺得很開心。」

松中先生興奮得臉頰潮紅，接著說：

「而且呢，數學和其他興趣不一樣，在家也可以做。隨時隨地都可以享受到它的樂趣。」

沒必要為了蒐集菌絲，特地辛苦地滿山跑。

「頂多要花錢買數學書而已。而且考慮到一本書可以帶來的樂趣時光，一點都不算貴。我覺得這種地方非常棒。」

松中先生說，他的住處現在被約三百本數學書給淹沒了。

「一輩子都不怕無聊了呢。」

「不，我想兩、三輩子都不會無聊。」

松中先生嚴肅地點點頭說。

★任何水準的人都可以享受，而且很難

「那，具體來說，就是一直讀數學書，樂在其中這樣嗎？」

「是啊，不停地去理解已經有人證明出來的定理。」

「不會自己創作新的數學，往這類數學家的方向走嗎？」

松中先生沉吟了一會兒，回答：

「當然還是會想要自己想出新的定理，也想成為數學家。可是，數學家還是

得有顆年輕的腦袋才行。聽說有許多數學家在年輕的時候做出研究成果，然後就投身教育了。還有，這是我的推測：想出數學定理，這不是努力就能做到的，是一種天生的資質。」

語氣很平淡。

「我說起來就只是單純地喜歡數學而已。所以有點必須自我設限，覺得『這樣已經夠了』。因為我的能力不是那麼好。數學家應該也是很努力的，但我私下認為天賦還是占了很大的比重。數學天才真的從小就是天才。不是有位『Zeta*大哥』嗎？我認為他就是個超超超超級天才。」

——你知道網路上有個Zeta大哥嗎？他真的很厲害喔……

我也聽過「大人的數學教室 和」的負責人堀口先生提到這個人。據說Zeta大哥對ζ函數這個數學領域忽然產生興趣，從自學開始，一眨眼就達到了連大人都望塵莫及的程度。他不僅是理解能力、成長速度非比尋常，還只是個國中生這一點，也令人驚異。

「他開始學數學才一兩年，就已經遠遠超過我的水準了。總覺得天資相差太

*註：即ζ的讀音。

遠了。」

「會感到嫉妒之類的嗎？」

「不，完全不會。只是純粹地尊敬。」

回答十分爽快。似乎也不是經過一番心理糾葛，才得到這樣的豁達。

「我認為，這果然是因為數學是任何水準的人都能夠享受的緣故。我以我自己的方式，從數學得到非常大的樂趣。」

「咦！任何水準的人都能享受數學嗎？」

「是的。只會計算的人，有些人喜歡解算數題目，覺得很好玩，高中程度的人也是，有人喜歡解大學的入學考題。我大概是大學的程度吧。至於大學教授，應該是想出很深奧的定理，從中得到樂趣。」

數學的世界，並不是有誰贏了，就有誰輸了。

「而且我想任何程度的人，都會說『好難』。每個人應該都會在不同的程度中感到『好難』、『搞不懂數學』。如果有人敢說他懂數學，應該是完全不懂數學，才說得出這種話。從某個意義來說，每個人都是站在相同的基礎上。」

「您說的難和不懂，跟討厭不一樣嗎？」

「不是討厭，像我就完全不討厭。」

松中先生表情極嚴肅地搖搖頭。

「不管撞牆多少次，被反彈回來，不知道為什麼，就是會想要再次挑戰。我想是有一種深厚的感情在裡面。是喜歡呢，我愛數學。」

我想松中先生應該不會和數學離婚。

看著心滿意足地微笑的松中先生，總覺得連我都感染了他的幸福，想要說：「祝你們白頭偕老。」

「只是，數學不是特別受人討厭嗎？」

松中先生寂寞地低下頭說。

「我認為數學可以像音樂或繪畫那樣，被當成一種興趣看待。就算不是特別精通美術，在街上看到漂亮的畫，心靈就會感到滋潤，不是嗎？就像那樣，希望大家也讓數學住在心靈一角，看到算式的時候，可以心想：『啊，這算式真不錯。』這是我的目標。」

「確實，或許有很多人光是聽到數學兩個字，就無端厭惡起來……」

「有些人真的想要徹底忽略數學、排斥數學。這真的很讓人難過。那些人甚至根本不肯聽我說。」

數學過敏的編輯袖山小姐有些芒刺在背的樣子。

「假設有一片數學花園，我就是在這裡——花園裡面。但是有一塊巨大的岩石擋住，讓另一邊的人看不到花。沒有人願意看一下這邊的世界，而且也根本看不見。所以我想要移除那塊岩石。我不會強迫對面的人走到這裡來，但起碼希望他們能看到花園。」

「我也想看看花園——如果看得到的話。」

袖山小姐大大地探出上半身。她也並非純粹厭惡數字而已，只是一直找不到可以親近的著力點，就這樣到了今天。

松中先生點點頭，告訴我們一則數學故事。

「你們知道正規數嗎？」

袖山小姐眨著眼睛，搖了搖頭。

「正規數的概念就是，在某個數列之中，出現相同長度數列的機率都是相等的。這樣說也很難理解，我來舉例說明吧。比方說這樣的數列：

0.2357111317……這是將質數依照順序，無限排列下去，它已經被證明了是正規數。」

袖山小姐才剛卯足了勁探出上身，這下又一點一滴往後退了。松中先生繼續說下去，就像要挽留她：

「存在著任意的數列，也就意味著這串數字裡面，絕對能找到袖山小姐的電話號碼。」

「咦？」

「二宮先生的電話號碼，還有我的電話號碼，也一定找得到。也有依序連接袖山小姐、二宮先生和我的電話號碼的數字。或許在很後面很後面的地方，但絕對存在於這個數列的某處。」

「太驚人了！」

「不僅是這樣而已。任何數列都有。你們知道字元編碼嗎？就是用數值來顯示文字的方法。比方說『あ』是『00』、『い』是『01』，就像這樣，讓文字和數字相對應。這樣一來，任何文章都可以用數列來表示。可以當成數據資料來處理。我們用電子郵件連絡的文章，還有文字檔那些，也都是一團又一團的字元編碼。」

「咦？等一下，文章是數列……？」

「剛才我說正規數之中，存在著任何數列……也就是說，任何文章，也作為數列存在其中。不管是莎士比亞的作品、大猩猩隨便敲打鍵盤而成的字串、記錄人類全部歷史的書籍、某人的祕密日記，都一定存在於這個數列的某處。不管再怎麼長都一樣。這件事已經得到證明了。不覺得很恐怖嗎？質數與無限，真是太可怕了。」

我和袖山小姐對望：

「根據這次訪談，即將要寫出來的稿件也……」

「早就已經存在了呢。」

袖山小姐跳起來拍手：

「好厲害！我看到花園了！」

「很有趣對吧？踏進這座花園，會發現它其實博大精深，會不小心一頭栽進去，所以或許有點危險。想要進來看看的話，隨時歡迎，不過責任自負。因為這裡不會強迫任何人進來。」

松中先生說道，以平靜的神情從花園裡望著我倆。

★不會讀樂譜，也可以彈琴

如果說松中先生是花了漫長的時光培養和數學的關係，終於決心與它共度人生，那麼Zeta大哥就是處在青春無敵之中。他才剛邂逅數學而已。

「以時期來說，是二〇一六年的七月左右吧。我們班有人在準備數學奧林匹亞。我跟那個同學聊著聊著，覺得數學好像滿好玩的，就上網查了一下，結果看到有個部落格提到ζ函數。我覺得有趣，讀了那篇文章，這就是開始，一直持續到現在。」

在幻冬舍的會議室與我們相對而坐的Zeta大哥，說起話來非常老成，一點都不像個國二生。外頭還很寒冷，但偶爾會射入春意盎然的陽光。略長的黑色瀏海之間，一雙聰慧的眼睛注視著我。

「譬如說，如果是在大學唸數學的話，應該會先學完線性代數、拓樸學、集合論這些基礎領域之後，再去研究更深的主題。但我不是這樣，是只學自己真的覺得有趣的數學主題。」

「不是先鞏固基礎這樣的做法呢。可是這樣的話，難道不會學到一半無法理解嗎？」

「其實呢，有本書完全適合我的做法。就是我在網路上到處讀部落格文章的時候，我爸媽買給我的第一本書，《ζ的冒險和進化》（ゼータの冒険と進化，暫譯）。」

他從包包裡取出那本書給我們看。那是這本書一開始訪問的黑川信重老師的著作。

「黑川老師寫的書，大部分都能讓我順暢地讀完並理解。他將數學概念寫得相當淺顯易懂。」

Zeta 大哥一低下頭，瀏海便微微晃動。

「現在我仍然會定期重讀這本書。ζ 函數充斥在現代數學當中，這本書無所不包地詳加介紹，所以可以當成一個指標，知道自己現在大概學到哪裡了。」

看來遇到一本好書，對 Zeta 大哥來說是很重要的因素。但其實這本書我也買來讀了。以數學書籍而言，確實算是寫得相當淺顯的，但我還是沒辦法順暢地讀下去。

Zeta 大哥果然擁有某些特別的過人之處吧？

「遇到數學以前，您都過著怎樣的生活呢？」

「這個嘛，我都在做什麼呢……」

Zeta 大哥歪頭尋思。

「我也不是很清楚耶。國一上學期，我的數學成績沒有特別好，也不是特別擅長算數。」

「您有什麼興趣嗎？」

「彈鋼琴，還有劍玉＊，都玩這些。劍玉我有四段資格。」

「是從小就上鋼琴教室嗎？」

「沒有。我是上過鋼琴教室，但三天就不去了。」

「那您沒有正式學鋼琴，卻會彈琴嗎？」

「是啊。我也不太清楚，可是就是會彈一些東西。所以我也不會讀樂譜。」

「您都怎麼彈琴？」

「就彈自己喜歡的曲子。在學校午休時間的時候。」

Zeta 大哥說得輕巧。簡而言之，他似乎可以把聽過的曲子直接彈出來、能夠在琴鍵上重現那些曲子。換句話說，他可以全面跳過樂譜、音樂理論那些基礎，直接切入核心。

「我會放棄音樂教室，也是因為他們很囉唆，說什麼椅子要怎麼坐、手的形狀要像握雞蛋，那些實在是……」

「讓人覺得很煩？」

「是啊！劍玉也是那樣。我討厭彎膝蓋，可是他們卻說彎膝蓋非常重要。」

看來Zeta大哥想要一切都用自己的一套來。但是就和數學一樣，即使整個跳過基礎，他也不會跌跤。為了沒辦法一下子翱翔的人，準備了階梯，但從Zeta大哥的能力來看，一階階爬上基礎的階梯，也只是浪費時間而已吧。

「那，現在在學校學的數學呢？」

「學校學的數學，某方面來說，不是基礎中的基礎嗎？所以我真的覺得一點都不有趣。」

「考試成績好嗎？」

「不，不太好。」

Zeta大哥憑藉一己之力，不斷地鑽研現代數學最前線之一的ζ函數，居然在學校考試拿不到好成績！

Zeta大哥低聲喃喃道：

「最近我開始質疑，上學的目的到底是什麼？我對學問也不是不感興趣，可是怎麼說好呢？……總覺得搞不懂了。」

＊註：劍玉，日本的傳統民間遊戲，由十字形狀的「握柄」與有球孔的「木球」組成。

★萬物即數學，數學即萬物

「最近我對太多事情感興趣了，時間不夠用，真的很讓人扼腕。睡眠時間也都只有兩小時。」

Zeta大哥說他現在迷上的不只有數學而已。

「我對物理也有興趣，最近也開始學習外語。我想最後應該會想研究數學，不過不太確定。」

Zeta大哥今天也將語言學習書籍帶在身邊，讓我看了一下。

「這是用挪威文寫的拉丁文的書，我在舊書店看到，忍不住買了下來。一開始我學的是英文，是為了讀數學論文而學。但數學論文不光是英文，還會用各種語言寫成，所以我也開始學起法文、德文那些。去年十月左右吧，我突然對芬蘭語感興趣起來。」

「芬蘭語？為什麼？」

「芬蘭語的發音很可愛喔。」

Zeta大哥依然正經八百，點了點頭說。

「比方說，『少年』的芬蘭語是『poika』。」

啊，的確有點可愛。

「芬蘭語的發音非常美。背後的語言學也很有意思。同樣是北歐，瑞典語、挪威語和丹麥語很相似，但芬蘭語和它們卻是不同的語系。」

Zeta大哥說，他一開始是出於讀懂論文這個實用目的而學，但現在是因為真的有趣而研讀。

「ζ函數也有相似的地方。在數學的領域中，相似的ζ函數，相似的定理可以用相似的手法來證明。我滿喜歡這樣的類似性。譬如說，北歐的語言是來自通行於古代斯堪地那維亞半島的古諾斯語。相似的語言之間，背後都有這種統一的起源。ζ函數可以說也是如此。不，ζ或許就是這樣的東西。」

我想起松中先生的話：「這種地方居然出現π，不是很奇妙嗎？」

看來Zeta大哥也有了相同的體驗。

「學外文的時候，我會盡量忘記語言本身。如果要先經過日語，再轉成外語、翻譯成外語，實在太花時間了。」

他滔滔不絕地說著。

「聽說有人用英文寫論文的時候，會為了要不要加冠詞、要不要加the而困擾，但那些根本無關本質。重要的是把自己想傳達的事切成小塊，以數學的語言來說，就是透過某些組合論的手法，重新組成文章，傳達給對方，對吧？我覺得問題不在於語言能力，重要的反而是完全拋開語言，把想要表達的邏輯結構做出適切的分析和整理。」

這就和音樂的本質不在樂譜一樣。語言的本質也不在於冠詞或文法。Zeta大哥眼中看到的是本質、是更深邃的地方。他能夠直接把手伸向那裡，所以才能夠直接掌握。

拋開樂譜，直接彈琴；被悅耳的發音吸引，學習芬蘭語；跳過基礎，思考ζ函數。

松中先生極口稱讚Zeta大哥的才華，但說到他和一般人哪裡不同，或許就是他能夠踏入深處的那種純粹。

不過聽著 Zeta 大哥說話，我陷入一種古怪的錯覺。我漸漸瞭解到，把手伸向數學的深處，似乎就能觸碰到某種本質的事物。就像松中先生被俘虜那樣，那是某種魅惑人心之物。

問題在於，語言和音樂似乎也有這種本質的事物。

——數學的思考方式，在學習語言和音樂上，也能派上用場。

我很想做出這樣的結論，但 Zeta 大哥想要表達的，似乎還要再更進一步。說法或許奇怪，但應該接近這樣的形容吧。

——語言和音樂，當然就連數學，也都是數學。

Zeta 大哥還這樣說：

「我覺得美術作品在某個意義上，是前人提出來的數學猜想。他們以那種形式，留下了那個時代無法表達的數學。數學就是寬闊到這種地步的語言。冷靜、邏輯地去思考，就是數學。雖然應該因人而異，但我自己是這樣的。」

要是這樣說的話，我們每個人都是在搞數學了。人所做的一切行為都是數學——他是想要這樣說嗎？

「難道 Zeta 大哥比起語言或數學，更是在研究人類嗎？」

聽到我的問題，Zeta 大哥歪了歪頭，很快地答道：

「呃，可是，人也是數學吧？」

居然認為比起「人」，「數學」是更大的概念。目睹世上有這樣的人，我大受震撼。

「我也不是很清楚啦。」

Zeta 大哥眨著眼睛，彷彿有些困窘。我驚覺屏息。我完全忘了對方還是個國二生。看來，或許我太急於做出結論了。

「我現在的學習，不是想要解開某些問題，或是創造新的數學。比較像是為了形塑自己的思考，作為一種手段，而學習數學和語言。」

他才剛和數學一起跨出腳步而已。

★答案不只一個，所以不會被強迫接受

和松中先生及Zeta大哥談過之後，我感受到的是，和數學一起生活似乎頗為快樂。原本我想像那會是泡在數字和邏輯裡面、枯燥無味的每一天，但似乎並非如此。松中先生把數學當成美術和音樂一樣看待，Zeta大哥也學習語言和其基礎的文化，過著豐富滋潤的每一天。

這兩者怎麼能夠兩全呢？看著他們，為何我會感覺那些冰冷的算式似乎帶有溫度？我困惑不解，回想起和松中先生的對話。

「我討厭國文。」

松中先生把眉毛垂成八字形說。

「國文不是會出現『請說明主角此時的心情』這類題目嗎？但我覺得每個人的想法都不一樣啊。再說，就算國文老師去考國文的大學中心考試，也拿不到滿分。這就是我討厭國文的理由。但數學的話，我大概可以拿滿分。」

「國文好像有些問題連作者自己都回答不出來呢。」

「對，那種的我實在……嗯，無法苟同。不知道正確答案在哪裡。數學的話，因為會明確地規定一個出發點，只要確實地論證下去，就知道哪邊才是對的。我喜歡數學的這種地方。」

確實，人都討厭被迫接受答案。

不過先等一下。數學才是只有一個答案吧？而且是拿出讓人無可反駁的理論證明，亮到面前，讓你啞口無言。要說拘束，數學和國文不是一樣的嗎？

我的這個疑問，在與松中先生的對話中逐漸冰釋了。

「數學的美是怎樣的美呢？是景色的那種美嗎？」我問。

「像山脈和太陽那些景色，是地球創造出來的事物，所以我認為數學比它們更進一步。即使地球消失了，數學還是會留下來，是如此普遍的事物。所以真的很不可思議。山和太陽確實存在於那裡，但數學卻是看不見、摸不著的。明明這麼美，但數學到底在哪裡呢？雖然只要寫在紙上，它就會冒出來。」

「可是，數學是不是只存在於人類的大腦當中？所以如果遇到思考體系完全不同的外星人，他們會不會無法理解數學？」

我故意刁難地說。

瞬間，松中先生退縮了一下，就好像被人指出了神話中存在的矛盾。

「唔，這部分滿難的呢。對外星人來說，或許畢氏定理不成立。這的確有點可怕呢……」

但他立刻以閃閃發亮的眼睛回望我：

「不過就算是這樣，還是可以思考為何會不成立。是因為我們和外星人最根本的公理不同嗎？嗯，數學還有太多可以鑽研的樂趣了。」

啊，原來是這麼回事。

種種資訊在我的心中連成了一條線。

數學的答案只有一個，但並不是用來強加於人的。價值觀不同的各方為了設法找出一個共同的答案，思考出來的技法，就是數學。

我們全都是截然不同的存在。Zeta大哥、松中先生和我，價值觀和能力都大相逕庭。有時候或許會覺得我們之間的距離就如同外星人。但不是為這樣的事實悲觀，而是去面對，並思考該如何與這樣的人攜手合作——這種人就是數學家，不是嗎？

然後規則被建立起來，出現用來表達的算式。逐一累積事實，真誠地在心與心之間搭建起邏輯的橋樑。

說起來，如果是要深刻思考數學的本質，根本不需要算式。就如同Zeta大哥不需要樂譜。但算式依然存在於這個世上，理由就只有一個：為了與別人相互理解、彼此分享。

充滿了冷酷，看似拒人於千里之外的算式，或許其實是向我們伸出的手。是那些發現花園的天才向我們伸出的手。

絕美的數學家們

其二

8 人不可能討厭數學，因為數學就是自己

津田一郎老師（中部大學教授）

參加過浪漫數學夜之後，我瞭解到數學的範圍有多廣闊。許多人熱愛數學，也有不少人把數學當成自己的人生伴侶。

另一方面，我也再次感受到，數學家是特別的。

數學家不是想當就能當的職業。像堀口先生、高田老師、松中先生，他們都另闢蹊徑了。愈是瞭解數學，就愈能看清數學有多驚人。

我們重啟訪問數學家之旅。現在的話，或許可以更瞭解他們一些。

★從背影就可以看出是數學家

「數學家呢，就算只看到他們走路的背影，也能看出來：啊，是數學家。」

在津田一郎老師的研究室，我覺得時間的流動特別沉靜。中部大學春日井校區位在綠意圍繞的小丘，其中這棟研究大樓景觀特別好，能夠將下方的街景盡收眼底。室內是一整排的書架，雖然不是特別寬闊，但十分自在舒適。這與津田老師文靜的說話方式應該不無關係。

我懷著放學後在圖書館和圖書館老師說話的感覺，對年齡接近我父親的混沌理論研究者津田老師進行訪談。

「假設名古屋大學舉辦一場學會，各界學者雲集，但還是可以看出：啊，這個人來過數學會。」

「是從動作之類的看出來的嗎？」

「是走路方式、背皮包的模樣那些。像這樣，包包規規矩矩地背在雙肩，筆直往前走。背影散發出『我要去目的地』的感覺。我有什麼目的、要在這個轉角轉彎、要去這裡、要進去大學。即使會繞路，也是因為那裡開著美麗的花，所以過去看看。怎麼說，每個行為都散發出氣勢，十分明確。」

「就算繞路，也是懷著明確的意志，是嗎？」

「對。物理學家就不會這樣呢。比較接近隨機行走。」

原本是物理出身的津田老師，說他很清楚兩者的差異。

「還有寫黑板的方法。拿粉筆的方法、寫字的一筆一劃，就是一副數學家模樣。在數學會的活動上，我所屬的應用數學也愈來愈常使用投影片了，但看看代數的討論會那些，到現在還是喀喀喀地寫黑板來證明呢。物理學界就沒有那樣的氛圍。」

「不是只把黑板當成工具來使用嗎？」

「有靈魂在裡面。用粉筆寫黑板，和思考的行為融為一體了。會變得宛如神靈附體。所以看著看著，會覺得人好像要融入黑板裡面一樣，給人這種印象。」

即使聽不懂內容，光是看著也很有趣。

津田老師說道，柔和地微笑。

數學家一詞總是伴隨著形形色色的印象：怪胎、一板一眼、異常喜愛數字、禁慾克己、討厭人……裡面也有近似偏見的觀點，但這樣的刻板印象究竟是從何而來？

我請教這個問題，津田老師微微蹙起眉頭說：

「的確有完全不想見人的數學家呢。當然，不是每個人都如此。這樣的人是不希望自己的時間被打擾。」

「可是這樣的話，沒辦法工作吧？」

「嗯，所以很讓人頭痛。那個老師會說『我什麼都不要做』。遇到這麼堅持的人，你也很難勉強他對吧？就有別的老師要求說，就算委員會的工作別人可以代勞，至少也該做教學工作。那個老師是答應了，但結果還是不行。」

「不行？」

「他會忘記要上課。因為太過專注了，上課時間到了也沒現身。結果最後那位老師因為不適合大學，改到研究機構去了。他是很有幹勁，可是如果在上課之前想到什麼問題，就不行了。會整個陷入數學世界，無法脫身。」

「好驚人的專注力。」

「說到實驗室、研究室這些地方，會覺得是『外在的東西』對吧？可是數學這門學問，實驗室是在腦袋裡。和其他學問相較起來也一樣，朝內的意識更強烈，不得不往自己的內在鑽。就算被別人說討厭交際，也是沒辦法的事。所以有時候會有一些怪人。」

「譬如說怎樣的人？」

「不管是在演講或是課堂上，就連在天皇陛下面前，都一定要唱自己編出來的歌之類的。有他自己創作的質數之歌。那位老師是個很了不起的學者喔。我記得他見到天皇陛下，也是得到某些獎項的時候。」

真是令人啞口無言。簡直就像天真無邪的孩子。

「本人沒有惡意吧？」

「沒錯，完全沒有惡意。不是故意要蹺課，還是破壞氣氛。數學家裡面很難找到壞心眼的人。在研究者裡面，數學應該是最少壞人的領域吧！」

「總覺得好和平喔。也不會吵架嗎？」

「會吵架啊。也會因為觀點的差異或誤會而產生情緒。數學家因為太純真了，有時會過度鑽牛角尖。一旦認定某人是壞人，想法就很難再扭轉過來。數學家這種人萬一跟人吵架，或許會很難和好。」

「我還以為數學家就算彼此對立，也會冷靜地議論……」

「意外地一點都不冷靜。當然也要看脈絡，或者說，不會發生無意義的爭吵。如果對那個人重視的部分有誤會，就會鬧僵呢。」

是忠於自己的感情嗎？

津田老師目不轉睛地看著我，點了點頭：

「我認為數學這門學問，非常符合『誠實』這兩個字。因為絕對無法造假。即使想要造假，也無從造假。所以非誠實不可，而無法誠實做學問的人，應該不適合當數學家。所以數學家裡雖然有不少怪人，但基本上都是誠實的。」

確實，之前訪問過的對象，都予人誠實的印象。即使溝通不順利，也是傳達方式的問題，或是我們知識不足所導致，對方完全不會撒謊或是唬弄我們。

可是，怎麼可能有如此誠實的世界？

★數學最初是「心」的問題

津田老師告訴我們一個有趣的故事：

「比方說，幾何學據說最早是為了尼羅河流域的土地重劃而出現的。像這樣說聽起來似乎很實用，但其實並沒有太多土地重劃的必然性。」

「咦？是嗎？」

津田老師「呵呵」地笑了一下。

「因為就算置之不理也無所謂吧？但人就是會比較自己的土地和鄰居的土地，計較哪一邊比較大、哪裡不一樣。」

「不是出於實用性，而是純粹愛計較？不過有點可以理解呢。」

「這麼一來，就會想要確定一下，但是要怎麼測量才好？就出現了這個問題。幾何學就是像這樣誕生的。此外，想要測量土地等不規則形狀面積的需求，使得『窮盡法』被發明出來，發展成積分概念。窮盡法是將圖形的面積定義為小長條狀，也就是求長方形面積的和，以求圖形面積，現在學校也有教呢。可以說數學分析*就是從這裡開始的。因此，追根究柢，數學一開始可以說是『心』的問題。」

「先有心，是嗎？」

「代數也是如此。數東西其實是個非常困難的概念喔！比方說數椅子也一樣，每把椅子都有一點不同，卻必須把它們當成一樣的東西，一把、兩把、三把這樣數。要如何定義椅子，相當困難，但我們卻不加深思地把某種外觀的東西當成椅子去數。」

津田老師指著房間裡的椅子說。確實，我根本不知道什麼椅子的定義，只模糊地覺得椅子就是椅子。

「但如果椅子和桌子放在一起，就不能把椅子桌子都混在一起，算成一把、兩把、三把，對吧？不，當然要這樣數也沒什麼關係，可是總會覺得很奇怪。所以在數數這個行為以前，我們已經先進行了分類。而這個分類，與其說是根據嚴密的規則，倒不如說是籠統大概地進行。因為人類有共同的心的機制，我們依照著這個機制在行動。這就是代數學裡說的『群*』的結構。要是再更嚴密地去研

---

*註：數學分析，Mathematical analysis，以微積分學、無窮級數和解析函數等一般理論及其理論基礎為主要內容。

*註：群，Group，是由一種集合以及一個二元運算所組成，符合「群公理」的代數結構，例如整數與加法運算就形成一個群。

究，就會出現各種代數。」

「呃，換句話說，我們在不知不覺間，每天都在運用數學嗎？」

「嗯，我認為人的認知結構就是數學。說這種類似心理學的話，或許會有數學家反駁我，但若去思考最原初的部分，我認為就是如此。所以數學原本並不是用來記述某些對象的語言。」

「意思是，數學就是人類『對事物的觀點』嗎？」

「嗯，數學並不是為了某些目的而刻意發明出來，而是順著心意、順其自然出現的。」

不想上課、想要唱質數之歌、想要和鄰居的土地比大小、想要把這個東西當成椅子去計算。雖然不清楚理由，但總之想要這麼做的真實心情，就是數學的起始——津田老師這麼說。

「可是，這樣不會變成人類的思考全都包含著數學嗎？」

我提心吊膽地問，沒想到津田老師當場肯定：

「沒錯，心就是數學。」

「寫詩、畫圖那些，也全都是數學嗎？」

「是的。比方說圖畫，那是大腦的視覺表現呢。呈現出感情、視覺資訊處理等機制融合之後的事物。這些全都可以用數學做出模型。我認為美的背後一定有心的表現，心的表現背後一定有數學的結構。」

唔……我忍不住沉思了一下。

對我來說，數學就和國文、英文、世界史那些一樣，只是一個學科。沒有翻開數學教科書時，應該是遠離數學的。

但是和津田老師聊著聊著，我開始覺得數學與我們思考的關聯極為根深蒂固。聽到老師這麼一說，或許真是如此。

仔細想想，像是國文的考試中，也理所當然地有「限三百字以內作答」這樣的問題。思考文字的「數」，也是一種數學。這個問題的配分是多是少、想要考到比某人更高的分數，這樣的「多寡」也是數學。聯誼的時候要讓男女人數平等，這樣的「組合」，以及今天比昨天更不想工作的「比較」等等，人所思考的事，或許一切都可以轉換成數學問題，只是平時我們不會意識到而已。

「所以會討厭數學，我覺得還是教育的問題。數學本來是不可能會讓人討厭的，因為數學就是人。」

樸實而坦率的人的核心。這似乎就是數學，而深入探索其中的人，就是數學家。這樣的數學家會是真誠無邪念、忠於自己的感情，或許也是理所當然的事。

所以有時候數學家看起來就像小孩般純粹。

如果他們看起來像怪胎，或許是因為我們自己變得太奇怪了。

★廚房充滿了混沌

「正因為不是為了特定目的而發明，所以數學才能運用在各種地方，可以說是相當萬能。」

太陽逐漸西下，天空轉為紫色，津田老師繼續說著。

「有可能是經濟學、有可能是物理學、也有可能是化學或生物學，能夠應用在一切事物上。如果是物理的理論，原則上就只能用在物理現象上呢。即使想要用物理的理論去表達完全不同領域的東西，比方說生物的某些行動，也不是那麼容易能直接套用的。」

津田老師說，他會從物理的世界跳槽到數學界來，這也是一大主因。

「我研究的是混沌這個領域，這就是契機。說到要如何理解混沌時，物理界雖然有現象的實驗，卻沒有理論。可是數學界卻早就有了相關論文，甚至有並未標榜混沌理論的研究。數學家並不是為了解釋混沌現象而提出理論，似乎是在動態系統這個研究領域當中，自然出現了混沌理論。結果我只好投入數學——我曾經一度放棄的數學。」

「咦？老師放棄過數學嗎？」

「對。我在高中的時候，就已經認清自己沒有數學天分了。所以才會進入物理領域。」

津田老師說，他會喜歡上數學，是因為討厭人。

「我直覺地知道大人會撒謊。社會這種東西，有部分違反了我心中的合理性。大概小學的時候，我一直有種在嘴巴裡吹出氣球，然後用力把它壓破的感覺。現在回想，那應該是一種壓力。可是只有在做數學的時候，不會有那種感覺。對我來說，數學就像是讓心靈平靜下來的方式。」

「那老師又怎麼會放棄數學呢？」

「一樣是因為朋友。我有個數學能力超好的朋友，我幾乎天天都和他討論數學，覺得自己實在比不過他。他現在好像在高中當老師吧。」

「咦，沒有成為數學家嗎？」

「教授好像叫他留在大學，但他拒絕了，說他不想成為數學家。我也說：『憑你的能力，完全可以在數學界如魚得水，怎麼不去呢？』但是他說比起成為數學家，當一個獨善其身的人，他想要影響更多人……」

我覺得這樣的果決，很像數學界的人。

相對地，津田老師成為物理研究者之後，又再次回到了數學世界。

「讓老師成為俘虜的混沌，是怎樣的東西呢？」

「混沌是方程式的解。」

「像學校教的一次方程式或二次方程式那些嗎？」

「是它們的同類。不過混沌的解，沒辦法用我們知道的基本函數寫出來。雖然知道它有解，但寫不出來。」

「寫不出來？什麼意思……？」

「如同字面上的意思，不可能，無從表現。然後呢，就會想既然如此，數值上應該可以計算。因為那是毫無模糊之處的明確方程式，應該只需要計算數值就行了。但它有個性質，就是只要數值有一丁點誤差，錯誤就會擴大到極大。所以會變成什麼樣的解，幾乎無從預測。」

「數字的計算竟然會出現錯誤嗎？」

「因為這是用有限的精確度，去計算原本應該要以無限的精確度計算的東西。計算的時候，我們會在小數點以下幾位就打住，對吧？即使用計算機計算，程式也已經決定在第幾位四捨五入或捨去。如果對結果不會有什麼影響，也無所謂，但在混沌的情況，這樣的一點小誤差，卻會造成巨大到難以想像的影響。會變成一堆錯誤訊息，完全搞不懂到底真正的解是什麼。」

有算式，也能計算，卻無法掌握實體。這概念好像怪物。

「英文的chaos（混沌）有類似crazy（瘋狂）的意義，卻也不是純粹亂糟糟而已。它有著非常井然有序的結構，不過一旦去計算，就會變得莫名其妙。明明就在那裡，可是一摸就不見，是這樣的感覺呢。」

「好神祕喔……世上居然有這樣的東西。」

「混沌其實隨處可見，譬如說那杯茶。」

咦？就在這麼近的地方？

我望向剛才端出來給我的茶杯，裡面裝著綠茶。是很稀鬆平常的景象。

「假設在茶裡面加入砂糖好了——不過這是綠茶，一般不會加糖。放進砂糖不去理它，也會自己溶化，融入茶水裡面，但如果想要溶得更快，會怎麼做？」

「呃，攪拌它。」

「對吧？這種時候，會插入湯匙，像這樣鏘鏘鏘地攪動不是嗎？規則地旋轉湯匙，也就是井然有序地轉動，而非刻意製造亂流，其實這時候就會出現混沌。這叫做剪力流*。」

我試著用湯匙攪拌茶水。沉積在底部的綠色粉末旋轉著漂浮上來。現在這個地方，出現了津田老師口中像怪物的東西嗎？

「結果砂糖和水便會非常迅速地混合在一起。也就是說，攪拌就是利用了混沌的行為。因為有混沌，我們才能混合各種東西。」

「那，廚房不是充滿了混沌嗎！」

「說的沒錯。」津田老師點點頭。「做麵包也好、蕎麥麵也罷，烏龍麵也是，混合、揉捏東西，全部都是混沌。刀匠敲擊刀身，其實也是一樣的行為，但這是人類自古以來就在做的事。混沌的數學逐漸明朗，我們才總算開始瞭解到，這樣的混合方式，其實是非常合理的。所以混沌理論被說只是一時流行的學問，但不是那種膚淺的東西。混沌是普遍的、理所當然的，是一種很深奧的概念。」

平時視為自然而然進行的行為，其實和最新的學問相通。我覺得從心開始的數學，好像又回歸到心的原點。心成為數學，數學與心相繫，然後一點一滴地，人類為了瞭解自我而往前走嗎？

「想要理解混沌，是我成為研究者之後，最強烈的研究動機吧！」

＊註：剪力流，Shear Flow，在流體力學中，指的是流體受剪力擾動而出現流動。

津田老師自謙地低聲說道。

★你的混沌，是哪種混沌？

「混沌的體系並非單一，而是許許多多，多如牛毛，所以也很難定義。每個人的定義都不同。以為只有一個定義，結果大錯特錯，那就想：『我要把這個稱為混沌，我的心選擇了這個混沌。』而別的老師則選擇了別的定義，說：『不對，我的心不是那樣。』或許會覺得這樣搞，會讓數學一團混亂，卻也不會。」

「咦？怎麼說呢？」

「只要說清楚『我是這樣定義的』就行了。在這樣的前提下討論，就不會出現模糊地帶。我覺得這樣的自由，也是數學的優點。一清二楚，卻很自由。」

「那，我也可以主張完全不一樣的東西是混沌嗎？」

「喔，可以，當然可以。那是屬於那個人的混沌，這樣就行了。」

居然得到允許了。津田老師的表情並不算豐富，但有時會笑得非常天真無邪，讓人一驚。

「定義有多少種都可以。還有，應該是考試數學害的吧，常有人誤會，以為證明只能有一種。證明也是一樣，有千千百百種。每個人都可以有自己的證明方式。」

「考試的話，確實是以背公式、學習模範解答為方向在學習呢。」

「數學雜誌中，經常有『求優雅的解答』這種內容。因為普通的解答很無聊，所以會想要讓人驚豔的東西。」

「優雅！數學居然重視這種部分嗎？」

「是啊。我也是，曾經被教授說：『這個證明很無聊，不要寫在論文裡。』意思就是『你前途大好，不要留下這種污點』吧。不是只要能證明出來就好。寫出來的算式也是，我們還是會想要怪物一樣的算式。」

怪物？

我訝異地睜圓了眼睛，津田老師補充說：

「換個說法，那個算式如果沒有表面以外的含意的話，就不能算是一流的。

即使作為算式並不算錯也一樣。」

「就像傑出小說中的某句話，雖然簡單，卻韻味深遠這樣嗎？」

「或許有相似之處吧。數學非常講求邏輯，邏輯必須透澈才行，但毫無意義地展開邏輯推論也沒有意思。每一個都有數學上的意義，最後的結果，豁然呈現出從來不曾看過的事物，這種才是好的證明。」

唔……

對我來說，算式就只是用來「解」的。幾分鐘以內解開就可以拿到分數，是這樣的東西。但數學家似乎根本不在乎這部分。算式所呈現的意義、表現出來的「心」，才是他們要處理的。

★文學VS.數學

我並非數學信徒。雖然想要瞭解數學，但也不想說它有多厲害、多了不起，盲目稱讚數學。所以我決定深入質問這部分。

「老師在您的著作當中，提到數學最能表現人心。」

「對，沒錯。」

「我忝為作家，認為文學更適合表現人心，也更為普遍，老師怎麼看？」

我覺得這番發言頗為狂妄，但津田老師一點都沒有退縮或動氣的樣子。

「唔……是對於數學的共鳴不同嗎？書上寫的完全是我的個人主觀……」

「比方說，數學並不容易理解，不是嗎？如果要獲得同理、代入感情，文學不是適合多了嗎？」

「嗯，是啊，基本上，數學的確沒有要讓誰覺得更容易瞭解的發想，所以大家才對數學感到很頭大也說不定。可是呢，共享感性是有可能的。當然，技術上有難度，但原理上並非不可能。只要看看數學辭典就能瞭解了。」

「咦？數學辭典嗎？」

津田老師轉向書架，指著一本厚厚的數學辭典說：

「數學辭典沒有任何模糊之處。完美無缺。遇到不懂的數學概念時，就會查辭典對吧？然後可能會在辭典的說明中又遇到不懂的概念。但是只要鍥而不捨地一路查下去，一定能達到確實理解的境界。不會原地兜圈子，或是查到一半整個迷失。」

意思是不會查「右」，結果遇到「左的相反」這種說明，氣到想把辭典丟出去嗎？

「只要查閱，辭典上都寫得清楚明瞭。也就是說，數學是一門可以讓人只要查就看得懂的學問。就算是完全不讀書的學生，只要有數學辭典，還是寫得出報告。但其他辭典就沒辦法這樣了。像理化學辭典、社會學辭典，你可以比較看看。我以前是研究物理的，所以理化學辭典是我的案頭書，但它從來沒有為我解惑過。腦科學辭典也不行呢。專家來讀或許還可以，但對外行人根本派不上用場。這個特點果然是數學的強項。」

「原、原來如此……」

對方的邏輯武裝果然堅不可摧。我的年紀連津田老師的一半都不到，想要挑戰他，或許是太有勇無謀了。

「不過，二宮先生說的，我也不是不能理解。」

津田老師稍微挪了挪坐姿，注視著半空中。

「作為表現手段，文學才是普遍的、傑出的，對於這個說法，我沒有贊成或反對的明確答案，但是譬如說，現代語言學之父杭士基（Noam Chomsky）就說『語言比宇宙更要複雜』。」

「咦？比宇宙還要複雜？」

「那時候我以為他瘋了，哈哈。」

我苦笑。津田老師有時候會正經八百地說些讓人脫力的話。

「但我也不是不懂他想要表達的意思。人類的語言，是上下文無關語言*對吧？這樣一來，什麼都有可能。我們是有限的存在，人類也是有限的個體，因此活著的期間，只能製造出有限的事物。但是作為可能性來看，語言體系或許就是數學中所說的實數，也就是連續統*。」

咦？現在是什麼狀況？我瞠目結舌。

---

*註：上下文無關語言，Context-free language，由上下文無關文法（Context-free grammar）定義的形式語言，程式語言多屬於上下文無關語言。

*註：連續統，Continuum，一種數學概念，形容如實數集般稠密無洞的性質。

津田老師正在運用數學語言來考察文學。

「如果是離散的事物，文法會自然形成。但語言本身或許是無限的，而且不是可數集*的那種無限，因為語言會不斷地變化。不管是發音還是詞彙都是……即使當下有明確限定，但至少也具備媲美宇宙的複雜性。宇宙是大自然創造的，但語言是人類創造的，亦即在進化上是後來的，所以人類創造的語言，可以說具備更大的可能性。是的，所以我認為文學是非常驚人的世界。」

證明完畢。津田老師以彷彿這麼說的平靜眼神注視著我。

我呆了好半晌。

對於我的問題，津田老師沒有不當一回事，或是打發過去，也不是說說客套話，捧捧文學。他只是推砌事實，把由此導出來的結論直接告訴我，所以才說服力十足。津田老師從數學的觀點，為我點出我所選擇的世界有多深奧，讓我不期然地大受鼓舞。

原來如此。

這就是數學的誠摯嗎？原來是這樣發揮的嗎？

道別的時候，太陽已經完全西沉了。我和大學生們一起等著前往車站的公車，仰望孤伶伶地掛在天上的明月。

文學比宇宙更有可能性，是嗎？

加油吧！我輕輕握拳。

好開心。同時也覺得又多瞭解了數學一些。

＊註：可數集，其元素是「可數」的。儘管計數有可能永遠無法終止，但集合中每一個特定的元素都對應一個自然數。

9 有點像是修行

渕野昌老師（神戶大學教授）

數學具有意想不到的溫度。

但另一方面，也有著拒人千里之外般的冰冷，十分可怕——這麼想的只有我一個人嗎？

以前讀書的時候，每次翻開數學題庫，還有現在去見數學家的時候，我的心中都有著一股怯意。是令人束手無策的考試經驗，以及在課堂上被點名卻答不出來的痛苦記憶讓我如此嗎？總之，既然要針對數學進行調查，總有一天必須去面對這樣的恐懼。

老實說，這天是最可怕的一次。

我們比約定時間更早抵達了神戶大學，所以先在校內餐廳稍事休息。責任編輯袖山小姐，還有《小說幻冬》的總編有馬先生，都一樣沉默不語，也不想伸手端起茶杯喝茶。時間分秒流逝，訪問時間逐漸逼近。理由不明的汗水涔涔滲出。

「二宮老師，我也會全神貫注，全力協助你。」

和有馬總編對上眼，他溫柔地鼓勵我，但嘴角沒有笑意。我在模糊的視野中思考。為什麼總編輯要特意跟來？或許是為了預防發生什麼狀況時，可以支援我。這可以說是幻冬舍盡其所能的全力後援了。至於袖山小姐，她盯著帶來的點心禮盒，歪著頭說：

「對方說謝絕伴手禮對吧？但還是想送點什麼。如果說『大家一起吃吧』，會順利嗎……？」

我打開記下訪問大綱的筆記本，開始複習。這就像是在參加完全沒把握的考試前徒勞掙扎。

之所以會這樣，是因為這次要拜訪的老師很可怕。

這位老師將日記、大學課堂的大綱等各種文章都公開在網站上。我也事先預習過了，但偶爾會看到讓人心驚的內容。

這次短暫回國期間，我將接受某位正在寫關於數學家的紀實作品的作家訪談。

是在說我！

出版社預先把訪談問題傳給我了，但清單上的問題，都難以做出直截了當的回答，如果被要求「用一句話作答」，感覺我會當場語塞。萬一訪談的時候陷入這種狀況就太可怕了，所以我想在接下來的幾則貼文中，試著說明為何無法直截了當地回答。不過作家的目標似乎是寫出暢銷書，因此如果把以下的說明複製貼上，應該沒辦法當成訪談的回答吧。

對於只接受「一句話」式解答的大多數人，有辦法向他們解釋某些本質的事物嗎？關於這件事，我覺得自己已經累積了太多的負面經驗。因此書寫「暢銷書」這種文類的作家，讓我感到非常恐懼，而這種恐懼，也是對於我終極的攻擊性有可能被激發出來的恐懼。然而另一方面，我也對「暢銷作家」這個現象極為好奇……這就是我居然答應了這次訪談的背景。

感覺就好像挨了先發制人的一拳。我很想就這樣承認落敗，直接倒地不起，但比賽——採訪才正要開始。緊張感逐漸高漲。

此外，在事前的電郵連絡中，對方也要求避免稱他為「老師」，希望稱「先生」就好。

這本書的採訪，每一回的受訪者態度大多都十分溫暖、友善，反而是我過度驚慌，不知道在瞎緊張個什麼勁。但數學家原本才不是那麼容易相處的對象吧？或許真的被我遇到了。那種不知道地雷在哪裡的難搞數學大師——

「差不多該走了。」

有馬總編嚴肅地說。時間到了。

先去上廁所。水也喝了。名片準備了，頭髮也沒有亂翹。接下來就是不成功便成仁了。我立下決心，和袖山小姐及有馬總編默默點頭，起身走向目的地。

接下來應對方要求，我將懷著敬愛之意，以「渕野先生」來稱呼對方。因為我認為這樣才能傳達出正確的形象。

實際上，渕野先生是個非常隨和的人。

★幻想的可怕

「幸會幸會，請這邊走。」

在走廊上遇到的渕野先生陽光地笑著，帶領我們到談話區。

「工學院的教師研究室，有負責端茶給客人的祕書，但數學系經費沒這麼多。喝茶可以嗎？」

教授親自在自動販賣機買了茶，倒入紙杯端給我們，還拿出說是波蘭伴手禮的巧克力點心。

「啊，渕野先生，這個請大家吃。」

「啊，謝謝，不好意思，讓你們這麼費心。」

袖山小姐預先演練了老半天，苦惱要怎麼送出去的點心禮盒，對方也爽快地收了下來。

我們拿起招待的巧克力放進嘴裡，驚呼：「好好吃！」、「裡面還有橘子果凍呢。」

不太對勁喔？

這應該要是更劍拔弩張、一觸即發的訪談才對啊？……等一下，為什麼我會這麼想？先冷靜一下，整理狀況。到底為什麼我們會這麼害怕渕野先生？

有一本數學書籍《數是什麼？數應當是什麼？*》。作者是數學家理察·戴德金，日文翻譯和解說由渕野先生擔任。關於這本書，渕野先生在日記中這樣寫道：

戴德金在《數是什麼？數應當是什麼？》一書的開頭寫道：

只要是擁有所謂健全理性的人，就能夠理解本書的內容。要理解本書內

---

*註：《數是什麼？數應當是什麼？》，原文書名為《Was sind und was sollen die Zahlen?》，於1888年出版。日文版由筑摩學藝文庫出版。

容，完全不需要哲學或數學的教科書知識。

與其說這段文字適用於這本書，倒不如說，就是為了能夠如此誇口而努力完成這本書。因此它是否「太難」（也就是賣不出去，讓出版社失望），全看讀者是否付出了一定程度以上的努力來閱讀本書，以及「擁有所謂健全理性」的人在整體人口中的占比吧。

嗯，好可怕。言外之意簡直就是在說「要是看不懂這本書，就沒有資格自稱是人」。下一段文字也是摘自日記：

……我出了如上的問題，結果全班全軍覆沒。而且試著解題的學生，答案簡直是支離破碎。在計算問題中，再麻煩的計算他們都不會出錯，然而在這個問題，還有其他的基本問題上，卻不斷地出現只能扣分、讓人作嘔的insane（荒謬）「答案」。

必須帶這種整班學生都只知道貨物崇拜*般假數學的班級，實在痛苦。充斥著這種學生的校園，不得不說，也是個讓人毛骨悚然的場所。

學生時代的我，一定也寫出過「讓人作嘔的『答案』」，看了總覺得好像被叫去走廊罰站聽訓。其他還有這樣的內容！

如果必須指導的學生，不是那種置之不理，也會不斷地自行學習理解的人，責任全歸於教導的一方，就會使得教育成了一門極不划算的工作。而且有許多學生完全拒絕理解。即使不到拒絕的程度，他們看起來也完全不理解什麼叫做理解。而且他們也不是理組學生，和我屬於截然不同的文化圈，彼此的差異大概就像雞和狗的不同，因此我也無法指責他們拒絕理解這件事，只得視而不見，這讓我感覺到宛如小學時候的哀傷。

我能感受到渕野先生的絕望。但被說到這種地步，也教人想要反駁幾句：是啦，看在腦袋聰明的人眼裡，或許是這樣沒錯，但我們也是努力在過生活的。只是真的搞不懂數學，有什麼辦法？居然說就像雞和狗的不同，那根本就不可能彼此妥協了嘛。

＊註：貨物崇拜，指當見到外來的先進科技或物品時，因為無法理解而將之視為神明崇拜。此指表面相似，卻不求理解其真正精神的偽科學。

嗯，看到這樣的內容，也難怪我們前往訪談的腳步會畏縮不前。然而實際見到的渕野先生，豈止不排他，反而友善極了。這種矛盾該如何解釋才好？

難道……只是我在那裡自己嚇自己？我是無端在害怕渕野先生，或是數學。

「數學意外地有著每個人都能理解的部分，不要害怕，去接觸它，就能夠理解。當然，困難的地方是真的很難，但也有很多並不難的地方。」

渕野先生這麼說。

「有位叫安多·福德斯（Andor Foldes）的匈牙利鋼琴家寫了一本書，裡面提到他年輕的時候學習李斯特*的奏鳴曲時，告訴自己『這首曲子很簡單』，結果便輕易學成了。同樣地，數學受到心理作用影響的部分或許也很大。」

因為覺得可怕，所以才會害怕。恐懼的情緒自行膨脹，讓我對渕野先生萌生出和本人完全不同的想像也說不定。對數學也是如此。或許我只是一廂情願地認定，數學是我絕對無法理解的可怕學問。

★挑戰戴德金

我做了一個實驗。

也就是閱讀《數是什麼？數應當是什麼？》。這本書的作者是理察．戴德金。文庫版*頁數並不算太多，卻有一種學術專書特有的沉重感。和小說不同，不管是封面、封底的簡介、隨手翻開的任何一頁，都毫無娛樂感。板著臉的戴德金就好像在威嚇著讀者。據說只要是擁有健全理性的人都應該能夠理解這本書。如果讀得一頭霧水，那也只能對渕野先生說「反正我就是個缺少健全理性的人」，就此訣別，不相往來了。

我瞪著那本書。需要時間來鞏固決心，才有辦法翻開第一頁。既然要讀，就必須認真地讀。我需要「我拚命試過了，但還是讀不懂」的事實。

仔細想想，或許我注定與這本書交手。

在採訪「大人的數學教室 和」的堀口老師時，提到了「極限的ε-δ定義」。我隨口問了那是什麼，結果讓堀口老師必須深入解釋「戴德金分割」，引發了一

*註：李斯特，Liszt Ferencz（1811-1886），匈牙利作曲家、鋼琴演奏家，浪漫派代表人物。
*註：文庫本為日本的一種圖書出版形式，尺寸較小，便於攜帶，價格也較低廉。

場風波。其他老師還趕來支援，我們卻完全無法理解，搞得堀口老師不知所措。接下來我要挑戰的，就是那個強敵戴德金。

究竟會有什麼樣的結果？我膽戰心驚地翻開了第一頁。我準備了筆記本和筆，花了幾天讀完這本書。直接說結論：

我看懂了！

真的非常感動。原來內容並不太難，甚至可以說是簡單，把乍看之下理所當然的事刻意化成文字，逐步確實地進行確認，是這樣的內容。在文字化的過程中，即便有些部分讓人讀了恍然大悟，也沒有遠遠超出自己能力的感覺。

感覺就像面對實在不可能吃得完的大量餐點，一籌莫展，沒想到味道意外地清淡好消化，一口接著一口吃下去，不知不覺間竟全部吃光了。

總而言之，這下就證明了我具備健全的理性了。

但還不能大意。還有一個可能，就是我其實是極少數的天選菁英。還必須更進一步驗證。所以我找來了妻子。

「妳有空嗎？可以讀一下這本書嗎？」

「噁！」

一看到封面，妻子立刻皺眉。妻子討厭數學。她這人在考大學的時候，把時間全放在素描練習上，上了大學以後，也整天削木頭做雕刻。說到她的數學能力，應該從國中學到的聯立方程式以後都很有問題吧！

「我會解釋，妳先讀讀看嘛，只讀第一章也好。」

「我覺得我啃不下去耶，因為這個戴德金不是外國人嗎？」

「是外國人沒錯，可是不會怎樣啦。妳喜歡的巧克力本來也是外國貨啊。」

妻子很不情願，但我說這也是作家妻子的職責，解釋給她聽：

「所以就是因為有這樣的規則，接著變成這樣，對吧？」

「啊，嗯，會變成那樣。」

「就是吧？所以可以寫成這樣。」

「咦？是嗎？」

「喏，試著在這裡放進這個記號……」

「啊，真的。這樣啊，說的也是呢。」

「聽懂了嗎？這就是戴德金—皮亞諾公理＊。」

「好厲害！明明是看起來很難的外國名詞，可是我也看懂了！」

妻子的表情燦然生輝。

雖然只有一部分，但妻子也懂了！檢驗樣本數雖然不能說足夠，但我想一般人應該都能夠瞭解。真的不難。

但也並非沒有困難。

「這個人居然寫得出這樣的書……」

也難怪妻子會嘆息。這本書有種讓人難以親近的地方。妻子如此形容：

「我覺得很像食譜書。」

「食譜？啊，確實是有點像……」

妻子點點頭：

「正確測量多少克的低筋麵粉、揉好麵糰在一定的溫度下放置幾小時……感覺就像在不停說明這樣的內容，可是卻沒有半點讓人垂涎三尺的麵包照片，或歡樂的插圖。還必須在毫無料理知識的狀態下去讀。」

書中也有許多不熟悉的專有名詞，每次看到就會卡住。因為是循序漸進的說明，所以只要重讀前面，就可以理解，但實在有點懶。

「如果是食譜的話，會知道最後可以做出美味的料理，可是這本書讀了又不知道能做什麼。」

我們彼此頷首。獨特的枯燥、模糊的前景，因為有這兩項阻礙擋在前方，所以如果有其他想讀的書，或許就會把它丟開了。這本書也可以說是有著這樣的難度吧。

「不過應該可以做出美味的東西。」

我說，妻子也點點頭：

「應該是吧。要不然也不會千辛萬苦地寫出這本書嘛。」

「可是我不太能想像那到底是什麼樣的美味呢……」

讀完的時候，對於書中建構的世界，心中萌生一種感動。但是要向朋友推薦這本書，就相當困難了。推薦料理要簡單太多了。

＊註：戴德金—皮亞諾公理，Dedekind-Peano axioms，由義大利數學家朱塞佩．皮亞諾（Giuseppe Peano，1858-1932）提出，是關於自然數的五條公理系統。

「可是妳看一下這個。」

我將渕野先生的講義簡報顯示在電腦螢幕上給妻子看。上面寫著「數學是一切學問的基礎」。

「物理、化學、生物……說到底，沒有數學，這些學問就無法成立，所以要是在數學絆倒，這些也全部完蛋了。好像是這麼回事。」

「這麼說來，到處都會用到數字呢。」

妻子東張西望。月曆、電視遙控器、空調的溫度設定，全都是沒有數字就無法成立的事物。

「就是啊。仔細想想，像網路的加密通訊那些也都是數學，電腦也是數學構成的吧？要是沒有數學，就不會有智慧型手機，也沒有電玩，呃……還有什麼？也不會有信用卡。沒辦法計算房屋住宅的強度，也無法設計出飛機。什麼東西都做不出來。」

「天哪……」妻子驚嘆說。「數學太厲害了。」

「嗯，很厲害，可是怎麼說，太厲害了，反而讓人搞不懂厲害在哪。」

「就是說啊。雖然知道手機很有用，但就算說製造手機要用到數學，也只能同意說『是喔』，沒有下文。這個戴金塊……」

「戴德金。」

「就算戴德金把數學和許多事物連結在一起，還是沒有真實感呢。」

「為什麼呢？因為就像空氣一樣嗎？因為太理所當然，到處都是，所以不會發現它的珍貴？」

「這也是原因之一吧。還有……覺得數學才不是這樣的成見。」

「成見？」

「因為數學課只教我們怎麼解題而已啊！」

確實就像妻子說的。我忍不住陷入沉思。

「江戶時代的數學，沒有朝和其他的學問——比方說物理學或社會科學——彼此影響、互惠共榮的道路發展呢。」

回到神戶大學的數學研究室談話區。淵野先生坐在沙發上說道，束在後腦的長髮微微搖晃。

「尤其是和物理特別疏離。在歐洲，數學和物理學、天文學等等連結在一起，有了長足的發展。然而在日本，卻是純粹透過數學、解謎這些來提高精神性或品格，這樣的要素更為強烈。我認為這樣的性質，也有部分被現代數學所繼承了下來。」

渕野先生聲明說「因為有各式各樣的人，並非每個人都是如此」，繼續說明下去：

「這種做為遊藝的數學、拿高分進大學的數學，也就是考試數學，我覺得在日本有些自成一格了。對於那些全心全意拿高分、設法考上優秀大學的人來說，就算會解題，也沒有多餘的工夫去瞭解更深的意義吧。所以學習熱忱也會消失。即使好不容易進了大學，也依然故我，用『該怎麼做才能拿到好分數』的思維在學數學。雖然如果是要拿數學的思考當墊腳石，深入去理解什麼，那感覺又不太一樣了……」

認為數學只是拿分數的學問的人，以及把數學當成瞭解宇宙的工具之一的人。確實，這之間的差異太大了。目前我屬於前者，但如果是後者的類型，會怎麼樣？

就算問我數學在社會上能派上什麼用場，我也只能抱頭苦思：「唔……這麼大哉問喔……？」自認為是在研究萬物的基礎，卻有可能被當成玩物喪志的瘋狂怪胎。要讓別人瞭解數學的美好，讓他們實際接觸數學最快，但他們又會抗拒，表示：「數學很恐怖、很難。」明明用不著那麼害怕，實際接觸，會發現意外地簡單、好玩……

我意識到先前對渕野先生的恐懼逐漸消失了。現在再讀他的日記，印象也有了一百八十度的轉變。那令人心驚的文字並非挖苦，只是單純的事實描述，以及對數學現況的憂慮。

一開始的當頭棒喝也是。畢竟是從未聽說過的數學外行人突然提出採訪邀約。現在我覺得渕野先生的要求不僅不是牽制，反而是誠懇的、紳士的應對。

這樣的印象，與實際見到的渕野先生本人完全吻合。

是我自己在嚇自己。

沒必要勉強去喜歡數學。但因為恐懼而對數學敬而遠之、把數學家當成另一個世界的人，這真的是一種損失。不管是對我們自己，還是對數學都是。

★就連不完備，對數學來說都是前進

我明白現在不用害怕了，話題回到渕野先生身上吧！

「對了，聽說渕野先生之所以下定決心成為數學家，是因為知道了哥德爾不完備定理*。」

渕野先生笑容可掬地點點頭：

「是啊，就是這個理由。怎麼說呢，我覺得它非常吸引我。不完備定理是稍微偏離一般數學的定理。是『針對數學的數學研究』。」

「用數學的方法，去研究數學本身嗎？這該怎麼形容，等於是雙重的數學研究嗎……？」

「這叫做後設（meta）吧。如果是後設小說，作者會出現在小說當中，或是小說角色知道自己是小說角色，這種感覺。在一般的數學裡，不太有必要這麼做。應該也有不少數學家會覺得不完備定理『好像很有趣，但跟我沒什麼關係』。所以我可以算是異類吧。」

渕野先生用手抵住下巴，眼睛望向斜上方，似在思索，語速匆促地接著說：

「不完備定理有個結論是『在數學上無法證明數學整體並未矛盾』。」

我慢慢地在腦中咀嚼這段話。

「也就是說，在數學上證明了數學的極限……？」

「對，就是這樣。」渕野先生點點頭。

「意思也就是數學並不完美呢。對數學家來說，這樣的結論不會令人難以接受嗎？」

「確實，從某些角度來看，讓人難以接受，也是否定的結果。所以當然也有人擺出徹底忽略的態度。但我對它並不那麼否定。我再說一次，結論是『在數學上無法證明數學整體並未矛盾』，而不是『數學是矛盾的』。只是瞭解到數學也有做不到的事而已。」

＊註：哥德爾不完備定理，Gödel's incompleteness theorems，由庫爾特・哥德爾（Kurt Gödel，1906－1978）於1931年證明並發表的兩條定理。

「那，只要相信數學並不矛盾就行了嗎？」

「研究數學的人，都相信數學並不矛盾。這並非盲目的相信，譬如說，數學各種理論的整合性，也等於是顯示數學並不矛盾的背書。不管知不知道不完備定理，都是一樣的。只是無法有個非黑即白的結論，不上不下的，讓人覺得不太舒服就是了。」

渕野先生覺得有趣地笑道。

「不過數學就是這樣。即使希望怎麼樣，但有時候證明出來就不是那樣。這種時候，還是不能堅持自己的主觀。從數學上來思考就是那樣的話，也只能承認事實。必須在自己的心中拉出這樣的界線。」

「那，難道從某個意義上來說，哥德爾不完備定理讓我們對數學又多了一項瞭解嗎？」

「是啊，這也可以說是一個前進。」

我忍不住低吟起來。

即使得到的不是自己所希望的結論，仍然去接受，這就是數學。我做得到這種事嗎？我才不要呢。如果求神籤的時候抽到大凶，我會當作沒看到，再抽一次，一直抽到大吉為止。我可沒辦法抽到大凶，還積極看待：好，我懂了，這是一個前進！

「渕野先生，這樣不會很辛苦嗎？」

「唔……有點像是修行呢。」

渕野先生這麼說，但看起來一點都不痛苦，臉上笑咪咪的。

「有時候必須徹底拋棄『希望是這樣』的心態，否則無法前進。可是呢，沒有『希望是這樣』的欲望也不行。既不『希望是這樣』，也不是『不希望是這樣』，用這種中立的心態去做研究，也不會順利。」

「好、好艱辛啊……。簡直就像自我分裂一樣。因為有『希望是這樣』的自己，和想要客觀評斷的自己。」

渕野先生點點頭：

「是啊，尤其是我所研究的元數學*相關領域，更是如此。會遇到『在數學世界做數學的自己』、『從外側觀看、把它當成符號操作的自己』、『從超越這些的上方看著的自己』……」

「也就是有大概三個階層嗎？」

「有時候會遇到無限個階層。」

「無、無限？有這麼多嗎？」

「不是那麼模糊的東西，實際上這種狀況是可以公式化的。」淵野先生的意思是，並非作為譬喻的無限多，而是實際上真的有無限個階層。從外行人的角度來看，這比譬喻來得恐怖多了。

「有時候必須處理這樣的情況。從某個意義來說，就像是一邊進行古怪的自我分裂，一邊研究……」

「好像在寫推理小說的過程喔。一邊寫騙人的故事，一邊思考上當的讀者是什麼心情。」

「呵呵呵。」我面前的數學家惡作劇地擠了擠眼。「推理小說我不太瞭解，但以前我曾是個活躍的作曲家。那時候我是用電腦來作曲。有位作曲家皮耶·布萊茲（Pierre Boulez）提倡『受控制的偶然性』（Controlled chance）這個概念，大概就接近這個吧。大框架由我們指定，讓電腦在其中選擇音和節奏。結果就會完成某程度如同預測、卻又無法預測的音樂。」

原來如此。整體架構是渕野先生製作的，但是看到超出預測的音樂成品，渕野先生又會感到驚訝，不過這也都在渕野先生的計算之中。就像這樣，有許多個渕野先生。

「這和渕野先生在研究的數學有點相似呢。」

「嗯，在我的內心，我所做的事全都是相關連的。只是在外界看來，或許就像在亂七八糟胡搞些八竿子打不著的事。至少對我來說，同樣都是聆聽那些音、那些音樂。簡而言之，『聆聽那個世界』與『在數學的世界裡有愈來愈深的瞭解』，在感覺上幾乎是同樣一回事。」

不管是音樂還是數學，我覺得似乎稍微能瞭解渕野先生看世界的方法了。

＊註：元數學，Metamathematics，使用數學技術來研究數學本身的一門學科。

★人工智慧不會數學？

「不完備定理的解釋之一，還有個結論是『即使單純進行機械式的計算，也不會數學』。」

「咦？是這樣嗎？」

「對，也就是數學並非把問題丟給電腦程式去跑，得出答案這樣的行為。至於為什麼，假設所有的事物都有一清二楚的公理系統，那麼數學的證明就是一行行的記號，可以像辭典那樣全部排列起來。雖然會無限延伸下去，但對於一個問題，一定都有一個答案，所以只要機械式地去找，一定就能找到。但如果系統不完備的話，會怎麼樣？有可能不管怎麼找都找不到明確的答案，所以電腦會陷入迴圈，停不下來。」

原來如此。因為數學不完備，所以無法套用機械式動作。

「所以目前的科學水準可以輕易發明出來的人工智慧，是不會數學的。」

「充滿了夢想呢！數學是只屬於人類的專利嗎？」

「少了直覺或靈感這些，就沒辦法研究數學呢。當然，不能保證往後不會出現具備這些的電腦。至少光是以相同的做法反覆地做，數學是不會有進展的。所以從某個意義來說，不管再怎麼研究，或許都不會到達極限，數學充滿了可能性和潛力。」

也就是暫時不必擔心在數學領域找不到東西可以研究。

「那，實際在研究數學的時候，也不是進行機械式的運算嗎？」

「嗯，最後在邏輯上必須分毫不差，完全正確才行，但是在思考過程中，並不一定是邏輯性的。怎麼說，需要一種非邏輯的跳躍。」

以超越邏輯的跳躍抵達真實。然後將其轉譯為邏輯，產生出數學論文那些一行又一行的記號。

「轉譯成邏輯語言的工程，只要是受過訓練的數學家，都可以自動進行。或許說自動有點太誇張？不過某程度上可以很自然地寫出來。超越邏輯的跳躍要困難多了，倒不如說，到底要怎麼樣才能做到，真的無從說明。」

渕野先生望著半空中，就像在遙望遠方。

「什麼都不做，也不可能突然就能跳躍，所以還是需要訓練和助跑。總之把所有的可能性都徹底思考過一遍，忽然想要轉換一下心情時，或許靈感就會不期而至吧！」

接著渕野先生感慨良多地說：

「遇上這樣的時刻，怎麼說，真的是無限的喜悅，會想要再經歷一次。這應該就是研究數學的人心中認為的數學魅力。」

「會上癮呢。」

「嗯，讓人成癮。」

渕野先生告訴我們一個跳躍的例子。

請先大略瀏覽以下的問題：

「平面上有任意五個點，請證明其中任三點不在同一直線上時，五點中的四點可以構成凸四邊形的頂點。（凸多邊形是指內部任兩點連成的直線，皆包含在該多邊形的內部。）」

啊，是圖形問題啊……我這個人就只能有這種水準的感想。當然，完全不知道該從何著手。好了，這個題目該如何去證明呢？

畫輔助線嗎？實際畫圖，分成各種情況證明嗎？怎麼做？

令人驚奇的第一步是這樣的：

「首先把板子當成平面，釘上五個釘子做為五個點。」

突然做起木工來了。

「在釘子周圍拉上橡皮筋。」

完全就是做美勞。

「這時候會有三種可能：橡皮筋套住三根釘子的情況、套住四根釘子的情況，和套住五根釘子的情況……」

漂亮地分割成幾種情況了。以此為起點，思考個別情況中挑選四個點的情形，就能完美地解開這個問題。

當然，這算是解法中的精華部分，接下來要把釘子和橡皮筋實際變換成數學語言，條理分明地解釋證明，感覺相當困難。有興趣的人可以查一下「埃絲特·克萊因（Esther Klein）定理」。

「這是幾何學直觀的一個例子。不過這到底是如何想到的？完全就是依靠

『跳躍』。」

感覺電腦似乎想不到這種解法。因為電腦不會釘釘子，也不會套橡皮筋嘛！

★數學還是很可怕

「這麼說來，渕野先生在日記裡提到，在數學領域，才能占了絕大部分，能靠努力彌補的部分並不多……」

「是啊。我指導的是研究所學生，但學生的水準和研究者之間還是有個差距，有些人的能力就是無法克服那種差距。不管對數學再怎麼感興趣、再怎麼想要成為數學家都一樣。」

「有沒有才能，是一翻兩瞪眼的事嗎？」

「只要稍微討論一下數學，就可以看出『這個人大概是這個程度』。學生是這樣，數學家之間也是一樣。所以這個世界很可怕。其他領域的話，還有許多不同的要素，所以應該也可以靠努力去彌補。但是在數學方面，靈感、直覺這些占了相當大的部分，不行的人真的就是不行。然後，該拿這樣的人怎麼辦，是個很棘手的問題。」

總是開朗微笑的渕野先生，唯獨這時一臉凝重。

「這不是責罵、生氣就可以解決的問題。雖然很想給予支持……但如果直說『你沒辦法成為數學家』，又會傷了對方的自尊心。對方會很懊惱，最糟糕的情況，甚至有可能絕望自殺。當成興趣的數學研究，只要能從中得到樂趣就行了，但大學是培養專家的地方，到底該如何處理這個問題，真的很教人煩惱。」

「在外國也是一樣嗎？」

「德國人滿直來直往的。我在德國的大學時，曾經被批評說：『你為什麼收那種沒用的學生？』」

「好、好可怕……」

總覺得對數學的恐懼又重回心頭了。

在和妻子一起讀戴德金的書時，還覺得「什麼嘛，數學，原來你也是可以溝通的嘛，我之前都誤會你了」，結果可以用那種心態輕易進入的，就只能到入口而已嗎？

淵野先生忽然開口說：

「我曾經當過謝拉赫老師的助教半年，他應該是現在在世的人類當中，最聰明的人。」

薩哈讓．謝拉赫（Saharon Shelah）是以色列的數學家。

「他發表的論文，大概有兩千篇那麼多吧！應該隨便就破千了。也有許多擔任共同作者的論文，但其中也有些『共同作者』，是把問題拿去向謝拉赫請教，結果只能把他教導的內容幾乎照搬，寫成論文。也就是說，他真的非常厲害。我擔任他的助教時，有位資深助教告訴我：『不可以把謝拉赫當成人類。你得把他當成外星人，否則沒辦法相處。』外星人的話，做出什麼事都不足為奇，對吧？他就是如此奇葩的人。跟他比起來，其他人全都是半斤八兩的凡人。」

「他那麼異於常人嗎？」

「嗯，完全不同。因為差距太懸殊了，根本無從比較。」

「當他的助教，要做些什麼呢？」

「工作內容五花八門，像是聽他說出研究靈感，補足細節之類的。謝拉赫會寫很詳細的筆記，但一般人讀了也看不懂。必須解讀筆記內容，寫成一般人也能讀懂的論文形式才行。所以雖說是助教，一般人也無法勝任。我能擔任他的助教，或許算是可以拿來說嘴的一項驕傲。」

我和袖山小姐、有馬總編對望，提心吊膽地確認：

「渕野先生，您剛才說的『一般人』是指……」

「嗯？喔，就是一般學者，一般數學家。」

光是要成為數學家的門檻就極高了，沒想到居然還有遠遠超越數學家的外星人。數學的階級太深奧了。

這裡稍微節錄一下渕野先生的日記：

對多數人而言，在理解數學時遇到的瓶頸，應該是對數學的恐懼心理。至少就我自己的情況，在開始學習一項新的數學理論時，如果抓不到將那個理論「掌握在手中」的感覺（或者說是錯覺？），很容易就會什麼事情都沒辦法做，無法前進。與其說是理性地理解問題，似乎更接近對恐懼心理的克服。這樣的心理糾葛，很有可能在遇到必須理解謝拉赫的新研究時達到巔峰。

讀到這段文章的時候，我非常驚訝。就連渕野先生也有害怕數學的時候，他害怕薩哈讓．謝拉赫老師。

「所以從這個意義來說，人外有人。我自己也是，和更上面的人比較起來，根本完全不成氣候。」

這種時候您會怎麼做？該怎麼做才好？我請教渕野先生。問這個問題，一方面是因為我想要理解渕野先生，再來也是希望他指點我該如何是好。

渕野先生垂下眼角，沒什麼地說：

「嗯，只能盡自己所能了。」

雖然只有短短一句話，卻帶有持續在數學研究前線驍勇奮戰的沉重分量。

日記接著這麼寫道：

因此害怕數學的感覺，對我來說絕對是切膚之痛，但我認為除了正面迎戰以外，沒有其他解決之道。儘管對於精神心理來說，或許不能算是健康的心態。

在自己的能力範圍內，持續去做能夠做到的事。不只是數學，人生或許就是這麼一回事。

★令人欣喜，而且快樂

我決定在最後確定一件事。雖然已經大致上瞭解了，但還是想要聽到渕野先生明確地說出來。

「渕野先生的日記，常有些讓數學不好的人看了怵目驚心的內容……」

渕野先生有些害臊地搔了搔頭：

「啊，嗯，抱歉。我並不是想說數學不好的人跟動物沒兩樣。當然，我想要把他們當成人類看待。可是在數學這個領域進行溝通的時候，如果以數學要求的知性和創造性標準來判斷，有時候還是得說出讓某些人覺得刺耳的話……」

「對渕野先生來說，還是會覺得每個人數學都很好、可以對等地討論數學，才是理想的世界嗎？」

「唔，如果變成那樣，就不需要數學家這個職業了呢，這樣也很麻煩。假設在成立理想社會的時候，可以選擇所有成員都不懂數學的社會，或所有成員都理所當然精通數學的社會，我還是想要選擇後者。」

「可以談論數學，當然也會聊其他的話題，相知相惜。」

「嗯，我想我一定會非常欣喜，而且快樂無比。」

渕野先生點點頭，露出再燦爛不過的笑容。

看在渕野先生的眼中，我內心的恐懼，還有學生們的恐懼，肯定都是洞若觀火吧！

恐懼數學的人對渕野先生有什麼看法，應該是因人而異，但有件重要的事。只要讀完以下的文章應該就能明白了。這是以前渕野先生寫給課堂學生的內容：

大學老師裡面，有些人會說：「反正他們教了也不懂，教太深的內容也

沒用。」

但即使辛苦，我也不打算逃避，在授課上打折扣。即使學生因為先備知識不足，或思考能力的資源有些不夠，但只要發揮專注力，就一定能夠跟上——我準備提供如此充實的課程，嚴肅地進行這項挑戰。至於能消化多少，則是各位同學的挑戰。

此外，我會從初步的地方開始詳盡說明，因此課程內容無法進行到太深入的部分，但除了這一點，以及課程是用日語進行以外，我會讓這門課的內容即使拿到比東京大學或京都大學的水準更高的外國大學課堂上，也完全不感到羞愧。

渕野先生是每一位真誠面對數學的人的夥伴。

10 不該畫出「這就是數學」的界線

阿原一志老師（明治大學教授）

幾何學花紋的海報。

那是蝴蝶嗎？還是植物的葉子？無數小花紋聚集在一起，上了鮮艷的漸層色彩，形成宛如漩渦的巨大紋樣。即使擺在美術館，也一點都不突兀。

「這是學生製作的碎形*圖形。」

櫃子裡也擺滿了許多古怪的物體。橘色、綠色、粉紅色、藍色、紅色……凹凹凸凸、粗糙不平，形狀就像花椰菜或海膽，拿在手上沉甸甸的。以擺飾品來說有些奇妙，但又想不到其他用途。不過拿來觀賞，頗耐人尋味。

「這也是學生做的立體物。是用3D印表機輸出的。」

這裡有許多可以看、可以摸的東西。有樂高積木、也有木頭鑲嵌工藝品，有桌遊、也有當紅漫畫。雖然後面幾樣應該只是純粹的興趣，但總之氣氛歡樂，一點都不像數學研究室。

這裡就是明治大學綜合數理學院的阿原研究室。

★可以任意扭轉的數學

聽到幾何學，會想到什麼？畫出正三角形、這裡的角度是幾度等等，記得以前好像用三角尺和圓規畫過各種形狀。

阿原一志老師高頭大馬，讓人必須仰望，但態度十分柔和，他告訴我們：

「那是古典幾何和初等幾何的領域。那些東西現在幾乎已經不再是研究的對象了。」

＊註：碎形，Fractal，一種特殊的幾何圖形，每一處的局部都有相同的特徵結構或圖案。

阿原老師說，數學的領域十分遼闊，有形形色色的專家。數學可以大略分為代數、幾何和分析這三個領域，幾何還可以再細分下去。

「現在在專業領域說到幾何，可以大概分為三種：代數幾何、微分幾何、位相幾何。」

看吧！

好不容易才分成了代數、幾何和分析這三項，馬上又冒出代數幾何這種讓人質疑「你到底是哪邊」的領域，搞砸了一切。數學的領域相互關聯，而且各有特色，要釐清它們的相關位置，相當困難。

「代數幾何是研究以代數式*表現的圖形的性質。但如果想要學習代數幾何，一般不會去幾何，而是往代數那裡去呢。然後微分幾何研究的是曲線和曲面。是從哪種形狀的曲面可能存在的疑問起步的學問。不過現在把維度更一般化，變得更難了。至於最後的位相幾何，你們聽過拓樸學嗎？這就是我選擇的研究領域。」

拓樸學？

太多陌生的專有名詞和艱澀的漢字了。阿原老師悄悄地推出白板來，就像要讓呆呆地張大嘴巴的袖山小姐和我安心。

「我來介紹一下我經常和學院大一生玩的謎題，讓你們入門拓樸學吧！請放心，文組的人也能理解的……好，接下來要思考以線組成的圖形。請記住最基本的概念是『同胚（homeomorphism）』。規則就只有兩個。」

阿原老師迅速動筆。

「第一個：線的方向、長度、轉折、彎曲，這些全部忽略。所以方向不同也不管、是長是短也不管，轉折彎曲或筆直都當成一樣。」

白板畫上了短直線、長直線、鋸齒狀的線，以及波浪起伏的線。

「也就是說，這些都當成一樣的線。」

「哦？」袖山小姐眨了眨眼。

「第二個規則。該說是線與線相連的方式嗎……？假設有交叉點和環好了，這些都要分開來，不能含糊。」

＊註：代數式，用基本的運算符號把數或表示數字的字母連起來的式子。

這次白板畫上了十字和T字、兩條平行線和一個圓環。

「這些全都當成不同的東西。因為相連的方式不同。」

看來位相幾何學，就是決定好要探究的問題點和不計入的部分後，再來捕捉形狀。

「根據這兩項規則，可以視為相同的形狀，就叫做同胚。來提個具體的例子吧！用平假名來舉例，『く』和『し』是同胚。其他還有和它們一樣的平假名，知道是什麼嗎？」

唔……也就是以一條線構成的文字嗎？我和袖山小姐各自動起腦來。

「『へ』嗎？」

「對，正確答案。」

「『つ』呢？」

「對，『つ』也是。」

這兩個滿快就可以想到了，但接下來就有點花時間了。

「『ん』、『ろ』、『ひ』、『て』、『そ』，滿多的呢……」

這麼多的文字，都可以當成「一樣」。雖然覺得很粗暴，但嶄新的發想也讓人有些興奮。另外，「り」在印刷體中是一條線，所以是同胚，但一般手寫是寫成兩條線，因此除外。

阿原老師先擦掉白板，接著說：

「那，接下來難一點囉。和『せ』同胚的平假名是什麼？」

實在不可能當下想到。呃，「ま」不是。「ま」有「環」。有兩個「十字」，但沒有「環」的形狀……

答案是「も」和「を」。「を」和「せ」居然是同類，總覺得文字開始展現出新的一面了。

「那『お』的同胚呢？」

一個環，兩個十字，有條分開的線。「は」和「む」是它的同胚。

我吁了一口氣說：

「這可以發展成很多謎題遊戲呢。」

「對的，沒錯。」阿原老師點點頭。「和一年級生討論時，會從這裡往漢字發展。畫出圖案，問同胚的漢字有什麼。在做研究時，會把這些換成曲面或立體，用更高維度的形狀思考。這就是拓樸學、位相幾何學。『お』的一部分可以扭轉變成『む』。可以在線與線的連接狀態不變的範圍內任意扭轉的數學——是從這樣的原理開始的幾何學。」

明明是數學，卻好像在彎鐵絲、捏泥土，簡直像美勞。

「我還以為數學是很嚴格的……」

我不小心脫口這麼說，阿原老師苦笑說：「不不不，這很嚴格的。」

「可是，感覺非常自由呢。這個部分可以自由，從這裡再過去必須嚴格，是這種界定很嚴格嗎？」

「是啊。數學畢竟是數學，所以剛才的兩個規則，教科書上也寫著明確以算式定義的方法。不過除非經過相當程度的訓練，否則連意思都看不懂。必須從『什麼是交叉點』這樣的地方開始，全部明確地定義。」

真有趣的想法。

用拓樸學的角度去看平假名字母，瞬間就出現了全新的分類方法，成了

「せ、も、を」的一群，和「お、は、む」的一群。會留意到從前完全沒放在心上的特性，像是這個字的環在這裡、這個字有兩個十字。

這樣的感覺，或許充斥在身邊各處。比方說去到超市，可以看到蔬菜區和水果區。但為什麼一樣是葫蘆科，小黃瓜被歸類為蔬菜，西瓜卻被歸類為水果，而且番茄到底是蔬菜還是水果，分類應該很模糊。但我們卻理所當然地進行分類並採購。

是可以這麼做的。在超市裡，可以無視生物學上的分類，只看料理時的用途。所以鴻喜菇明明是菌類，卻擺出一副我是蔬菜的同胚的嘴臉陳列在火鍋區。有時候這麼做，會方便許多。

「說是數學，也是形形色色呢。」

袖山小姐讚嘆說。

★用竹槍對抗美國的那時候

「我從小學就立志成為數學家。我在畢業紀念文集裡就寫說我將來的夢想是成為數學家。」

阿原老師稍微調整了一下眼鏡的位置說。

「這麼小就立定志向了。這是為什麼呢？」

「為什麼喔……應該是看到許多讀物，大概是雞兔同籠那些吧，有種一拍即合的感覺，讓我想要朝這個方向前進。」

阿原老師後來進了完全中學，參加數學研究會。

「有個大我三歲的學長，叫古田幹雄。他現在是東大研究所的教授。那裡雖然是國高中的數學社團，學習的數學內容卻很深，是媲美專門研究的內容。一年級生剛進去，馬上就會有高年級的跑來說『那先教你這個』，上起大三數學系的課程。」

哈哈哈——阿原老師笑了笑。

「因為是這樣的社團活動，我深受感化。應該是在那裡鍛鍊出基礎能力吧。和學生聊天的時候也會有這種感覺，如果有這樣的機緣，大部分的人都會愛上數學，很難去討厭數學。」

美好的邂逅，讓阿原老師更加沉迷在數學裡。

「那，阿原老師從來沒有討厭過數學嗎？」

我以為神情平靜的阿原老師一定會回答「當然沒有」，然而他表情不變，當下答道：

「不，其實我討厭了數學兩年左右。」

「咦……這是為什麼？」

「是寫碩士論文的時候。數學太難了。可是這也不是誰的錯。所謂的現代數學研究，從二十世紀初期開始正式展開，然後急速發展。像拓樸學，從一九四〇年代到一九五〇年代，提出了五花八門的計算方法。剛才提到的平假名的問題，也有過『因為有環，所以這兩個不算同胚』的看法。環的數目的問題，在數學叫做『一階貝蒂數*』。就像這個貝蒂數，不斷地想出各種方法，讓即使是複雜的圖形，也可以計算出是否為同胚。有說法認為，就在這個時期，天才都聚集到美

---

*註：貝蒂數，Betti number，在代數拓樸學中，拓樸空間之貝蒂數是一族重要的不變量。

國去了。不過也因為這樣……對後來的人來說，變得實在太難了。」

阿原老師的眉毛困擾地垂成了八字形。

「比方說，假設區別圖形的方法有十種，而理解一種需要十年，那麼實在不可能在有生之年學習到全部的方法呢。但我進大學的一九八二年左右，就已經是接近這樣的狀態了。要學會當時全部的拓樸學，大學四年的光陰幾乎是不可能的。當然還是有天資聰穎的人，這種人另當別論，但一般人實在沒辦法。現在的數學系也是相同的狀態。所以這並不是誰的錯，而是數學變得太難了。」

現有的數學，光是要趕上進度就困難重重了。如果再有新的理論出現，就會變得難如登天。阿原老師接著說：

「我的情況，是大學部畢業，進了研究所之後的兩年間，都過得悶悶不樂。指導教授會像這樣，『啪』一聲丟出一疊紙說：『喏，最新的論文，讀一下。』可是我讀得滿頭問號。但每星期都有討論會，必須進行發表，搞得我真的不曉得要怎麼活下去才好……。那時候的數學真的讓我很痛苦。」

阿原老師說，是在進入博士課程以後，才得到轉機。

「我有點找到自己的方向了。我選擇了電腦作為我的研究主題。當時幾乎沒有人用電腦來做數學。」

Windows問世的時間，是一九八五年，因此真的是黎明期。

「美國設立了幾何學中心，才剛開始出現用大型電腦解題的計畫。而我在日本孤軍奮戰。優秀的數學家聚集在美國，大展身手的時候，我一個人孜孜不倦地寫程式……還被人家說『阿原是在拿竹槍跟美國人打仗』。」

阿原老師滑稽地笑起來。

「我也做過三十分鐘左右的電腦動畫，但畫一格就得花上八秒到十秒的時間。一秒需要八格，所以……呃，一萬四千四百格嗎？簡直讓人昏倒呢。我的青春時代就是這樣度過的。」

比起當時阿原老師使用的NEC電腦，現在許多人擁有的手機，功能更壓倒性地強大。短短三十年，世界幾乎是改頭換面。

「那個時候有人說『搞什麼電腦，也沒辦法寫成論文』。他們認為就算用電腦計算，也不能當成證據，無法證明什麼。我到現在都還記得，當時東大有個非常可怕的代數幾何的老師，傳聞說跟他一起搭電梯的時候，如果沒有向他行禮致意，就會挨揍……」

「啊，是這種直接的可怕嗎？」

「是的，當然在學問方面也非常嚴格。代數幾何這門領域不會用到電腦，卻有許多能為電腦派上用場的定理，所以感覺是天才雲集的地方。那個領域的數學家有種自帶光環的氣場。也因為這樣，我當然是備感尊敬，但其實非常畏懼。」

「在數學當中也是特別的呢。」

「然後我的博士論文，內容是把算式輸入電腦計算，就能看到圖形的形狀。結果在發表會上，那位老師質問：『真的可以用電腦算出來嗎？』」

我似乎可以看見阿原老師直冒冷汗的模樣。

「然後呢？」

「這樣說或許有點狡滑，但我說：『真的，沒問題。』我堅持強調沒問題。我非常害怕。最後老師是用一種『唔，好吧，沒辦法』的感覺放過了我。」

「可是好奇怪喔，像我就覺得比起人用紙筆計算，用計算機來算精確多了，所以會覺得用電腦計算不是比較安心嗎？」

「就是說啊，所以這是時代的變化。」

阿原老師瞄了一眼變得又輕又薄的筆電說。

「我也認為只是單純用電腦計算，不能當做證據。但可以看到現象。數學有許多問題甚至不清楚結論，不知道發生了什麼事。所以現在的發想是，先用電腦來模擬試算看看。因為有時候可以從中得到某些靈感。」

電腦技術日新月異，現在已漸漸成為研究數學的工具了。也可以說是時代追上阿原老師了。

「直到二〇〇〇年以前，『運用電腦研究數學』很難當成論文，但是隨著時代，這也漸漸改變了。像『四色問題』這個難題，也是透過電腦解開的。」

四色問題是關於上色的問題。請想像一幅彩色的世界地圖，規則是像美國和墨西哥這種相鄰的國家，必須用不同的顏色去塗。如果不管拿到任何地圖，都要遵照這個規則來上色，需要準備多少顏色才行？

想像複雜的地圖，感覺需要非常多的顏色，但實際用色筆上色，會發現意外地不需要多少顏色。

「其實已經證明出來，只需要四種顏色，不管多複雜的地圖，都可以依照這個規則來上色。只是在證明的過程當中，必須逐一筆算上千種情況來證明。光是證明其中一種模式，就得耗掉大量的時間，而模式多達上千種的話，根本無法負荷。那篇論文就是利用電腦縮短了這個過程。」

隨著時代，工具演進，數學也跟著改變。往後一定也會繼續進化吧。我提出問題：

「會不會幾年以後，電腦在數學領域超越人類？」

「有不少這類研究。開發用人工智慧來證明定理的軟體之類的。這甚至已經形成一門領域，叫自動化定理證明。不過目前還不到超越人類的地步。」

再過個幾十年，數學或許也會有令人驚奇的改變。

★哭哭啼啼地拼貼上百張的紙

阿原老師的研究領域相當獨特。

「我的論文不多，因為我都是開發數學學習支援軟體，或是協助企劃這些，不容易寫成論文。」

時尚品牌三宅一生在二〇一〇－二〇一一年秋冬的巴黎時裝週，主題是「Poincaré Odyssey」。居然是把龐加萊猜想和幾何化猜想*這些數學上的問題融入服裝設計，極為大膽前衛。而負責為設計師進行數學指導的，正是阿原老師本人。

「其他還做了這樣的東西。」

阿原老師忽然消失到別的房間，很快地拿著某樣東西回來了。我們的眼睛緊盯著阿原老師手上的物品。

「那是什麼？」

那個物體非常神祕。若要比喻，就像是七彩的雪的結晶，或是將中心部分裁切下來的珊瑚、在研究室進行培養的怪奇生物。

---

*註：幾何化猜想，Geometrization conjecture，關於三維流形的重要猜想，由美國數學家威廉・瑟斯頓（William Thurston，1946-2012）提出。

「這是紙模型。是叫做Hyplane的多面體。啊，抱歉，因為丟在那裡很久了，一堆灰塵。」

阿原老師大略拂去表面的灰塵後，把那樣東西遞給我們。

把紙做成的無數小三角形，像群體一樣近百張組合在一起，形成讓人聯想到生物的結構，感覺柔軟，又有點扎手的樣子。

「一般說到多面體，都會想到圓形或星形那些，對吧？」

「是的，像足球的形狀，或是有許多面的骰子……」

「這是刻意弄得皺巴巴的，挑選會變成這樣的角度，黏貼三角形做成的。三角形的角度是固定的，是五十四度、六十三度和六十三度的等腰三角形。這個物體是筒狀，但也可以弄得更像木耳，或是紅葉萵苣的形狀。只要改變黏貼方式就行了。」

「這些三角形每個顏色都不一樣，很漂亮，這有什麼意義嗎？」

「只是個人喜好。」

「啊，個人喜好啊。」

阿原老師似乎是想讓多面體變得更美觀。

「這是和學生聊天的時候想到的。應該是聊到要製作以正七邊形為面的多面體，但角度會多出來，亂成一團，沒辦法成功。我正想說沒辦法，忽然靈機一動，想到：『那像這樣把角度分割一下怎麼樣？』然後直覺：『可以成功，試試看吧！』接著實際動手做，就發現可以像這樣，做出各種形狀來。」

腦中靈光乍現，並實際動手去做。

「總覺得好像做美勞，很快樂的樣子。」

「是啊，想到的時候，還有剛開始做的時候真的很興奮。不過到了這種規模的話……」

阿原老師目不轉睛地盯著約是大型組裝模型尺寸的 Hyplane，說：

「做到一半，真的是邊做邊哭。大概花了兩個月才黏好吧。這有好幾百片三角形對吧？因為這個結構無法變成一整片的展開圖，所以得從紙上割出一片又一片的三角形，塗上木工白膠，用鑷子夾起來貼上，等它乾燥。都快把我搞死了。而且必須很專心貼，這也很耗神。」

總覺得阿原老師從學生時代開始，就經常被迫孤軍奮戰。

「寫這本Hyplane的書時，三省堂書店的店員說想要擺飾Hyplane來代替POP海報。那時候我想說一個的話我可以做，就答應了，沒想到對方要我做五個……」

阿原老師搔著頭苦笑。

「我一樣是邊做邊哭。」

Hyplane是阿原老師的命名，這個名字來自於幾何學專有名詞的雙曲平面（hyperbolic plane）。

「有我命名的數學概念，這是我的一點小驕傲。雖然後來也有點後悔，覺得應該取名為『Ahara』（阿原）之類的。」

阿原老師被親手製作的大量紙模型所圍繞，顯得幸福無比。

★數學的價值是曖昧的

「可是，說到這東西能寫成論文嗎？答案是不行。」

「咦！」

難得遇到我們也容易想像的數學主題耶！

「啊，Hyplane我是寫成論文了。論文內容是調查具備相同性質的多面體，提出近似雙曲平面的『Hyplane多面體』。不過這本來不是能寫成論文、登上期刊的東西。」

「呃，因為以數學研究來說，它並不熱門嗎？」

「是啊，就像我剛才說的，研究者研究的數學，現在已經變得非常困難。像Hyplane，有點像是它的對立。」

但Hyplane也是圖形問題，對我來說十足數學。能不能寫成論文，到底是如何決定的？

論文能否登上期刊，有事先審查決定的程序——同儕審查。阿原老師也有段時期做過同儕審查，我向他提出這個疑問。

「在同儕審查階段，首先會確認該論文在數學方面的正確性。接下來是內容表現是否妥當，這部分意外地也很重視。比方說像小說，也會看讀者群是哪個年齡層，然後針對該年齡層改變寫法，對吧？其實學術論文也會這樣。」

「可是，學術論文的讀者是數學家吧？」

「對。所以寫得讓同時代的一般研究者讀起來明白易懂，是很重要的。即使正確，如果太瑣碎囉唆，最好能刪減得更簡潔一些。相反地，如果過程過度省略跳躍，就最好再補充得更詳細一點。同儕審查也會看這些呈現方法。還有英文的文法錯誤。」

原來如此。說是數學家，從研究領域到能力，也是五花八門。但沒想到寫數學論文，居然也需要和寫小說一樣的考量。

阿原老師微微舉起一手繼續說：

「然後接下來看的是價值。同儕審查者會被要求明確揭示該論文是否具備數學論文的價值。這個價值包含許多意義，其中之一是該論文是否為前所未有的創見。然後困難的是，是否會有許多人，也就是有許多數學家，會對它的內容感興趣。即使在數學上正確，英文和文章也都無可挑剔，同時又是數學史上的全新定義……有時候還是會因為不會有人感興趣而被打回票。」

我瞄了一眼放在桌上的七彩紙工藝品。

「Hyplane就是卡在這一關。『基於這樣的概念，做出了這樣的東西』，這樣的論文，會引來『這種東西只要想做就做得出來吧？』的批判。提出這個新概念，能否解決眾人正感到頭痛的問題？這篇論文開拓的道路，是否具有承先啟後的作用？論文看的是這些。」

確實小說也是一樣，光是嶄新，不會受人青睞。

「不過誰會感興趣，不是主觀問題嗎？」

阿原老師微笑：

「是的。而且也有流行。數學的內容必須嚴謹，但關於數學的價值，沒有嚴謹的定義。」

說這種話或許會有人生氣——阿原老師先這麼聲明，接著說：

「有時候也有可能因為是大老級教授說的話，就被認為有價值……」

唔……

我和袖山小姐面面相覷。

總覺得話題愈來愈切身囉？

因為「書」也是如此。得到權威獎項的作品突然鹹魚翻身，這是常有的事。但嚴謹的價值定義，應該只存在於讀者的心中，不是由別人來決定的。那麼，文學獎沒有意義嗎？倒也不盡然。作為尋找好書的指標，文學獎還是必要的。書本的世界，就是成立在如此寬鬆模糊的形式上。

「還有，雖然又有點偏題了，不過是不是數學的論文這一點也很重要。內容是在探討數學的問題、還是以數學的手法解決問題？我的論文也曾經被退稿過喔！理由是這可能是電腦的論文，但不能算是數學的論文。所以當使用電腦解開四色問題時，也引起這算不算數學手法的討論。」

我將身體往前探：

「可是，請等一下，數學的手法會隨著時代變化對吧？也會出現像電腦那樣，被認同是新工具的東西。」

就像原本只收手寫稿件的文學獎，後來開始接受Word檔案，甚至開始認同手機小說或網路小說也算是文學。

「換句話說，數學每一天都在變化吧？那麼，要依據什麼來判定是不是數學問題？四色問題是在地圖上色的問題，我覺得比起數學，它更像美術問題……」

「嗯，四色問題可以歸到圖論這個數學命題。因為是和數學命題相同意義的問題，所以可以說它是數學問題。」

「那如果不能當成命題，就不算數學問題了嗎？」

「唔……」

阿原老師支吾了片刻。

「這個嘛……是灰色地帶呢。如果有個沒有人知道的問題、從來沒見過的數學理論，然後主張它是數學的話……很微妙呢，嗯。」

結果也一樣是用大概的感覺去決定嗎？

「不過，我不認為數學家應該畫出一條界線，決定『這就是數學』。以前有位叫伽羅瓦的數學家，寫出非常優秀的論文，但是對當時的數學家來說實在太嶄新了，沒有人能理解。沒有人認為『這就是數學』。但是在今天，每個人都會學習伽羅瓦的理論，他的理論也成了現代數學很重要的一部分。這是歷史上發生過的事。」

我沉吟點頭。

認定小說就是怎樣的東西，是愚蠢的事。但每個人都只能遵從自己的信念而活。何謂小說？何謂數學？或許只能不斷地持續思考。

★有人一聽到我是數學家，就當場倒退三步

阿原老師忽然說：

「這麼說來，我的師父曾這麼說過，論文只要標題決定好，就等於已經完成了一半。」

「光是標題就等於一半嗎？這怎麼說？」

「也就是知道能不能解開。雖然不像下棋那樣，可以完全推出棋路，但可以知道會不會卡住，是種對未知的直覺。這也是寫論文的能力。」

原來是這樣。既然標題都出來了，等於是已經把它語言化，知道似乎能如何解開。

「數學並不是累積演繹推理的結果，知道『這裡曾經有過什麼』。而是先有『目的地應該是這裡』的感覺，然後直覺『要去到那裡，應該要這樣走』。」

阿原老師視線對著斜上方，望著半空中。

「或許就和看山的時候，直覺地知道『啊，從這裡可以登上山頭』的感覺一樣。但能不能攻頂，得實際爬了才知道，也有這樣的部分。最近我在想，覺得數學很美的感覺，是不是就是這樣？靈光乍現，豁然開朗。然後抽絲剝繭一看，發現可以在邏輯上非常完美地解釋……這整個過程讓人感到酣暢淋漓。或許是這樣的感覺化成『美』這樣的形容流瀉而出……」

「那，每個人都擁有這樣的感覺嗎？」

「嗯，我覺得並不是那麼特別、奇特的感覺。」

「哇……」

我發出驚嘆，阿原老師說：

「數學家好像有點難以接近呢。最近漸漸比較少這種情形了，但以前我自我介紹說是數學家，會有人當場倒退三步。是真的倒退喔，倒彈三尺。不過，這是很普通的情形。」

我也能理解那種忍不住有點緊張的感覺，但現在也已經明白沒有必要這麼緊張了。

數學意外地十分柔軟。當然，數學的內容嚴謹、天衣無縫。但它的手法、價值、流行都與時俱進，而且就連數學的定義，都因人而異，有些模糊。

因為就如同我們每一天的生活，數學就是人的活動。

阿原老師拿起Hyplane的紙工藝品。

「所以如果各位看到這樣的圖形，心中感受到浪漫或夢想，我也會感到十分欣慰。」

「數學家果然也會希望有更多人瞭解自己的研究內容嗎？」

阿原老師「嗯」地點點頭：

「對啊。應該也有些人不在乎，但我自己的話，會希望更多人瞭解。」

接受阿原老師的幾何學指導的三宅一生創意總監（當時）藤原大先生，在訪談中表示：

「這次的數學世界，是連要視覺化都相當艱辛的世界。從事設計工作，知道居然有無法變成畫的事物，這對我來說是有點震驚的經驗。」

但是從數學得到靈感而進行的二〇一〇—二〇一一年秋冬巴黎時裝週在盛況中落幕了。提出幾何化猜想的大數學家威廉．瑟斯頓、完全不懂數學的一般民眾，都一同歡笑，享受數學與時裝的融合。

不是從陌生的世界退後三步，而是各自前進一步，握住彼此的手，或許就會激發出有點好玩的事。

11 再怎麼努力，那裡也空無一物

高瀨正仁老師（數學家・數學史家）

訪問過許多數學家以後，感覺解開了不少對數學的誤會。也漸漸明白數學就近在身邊，日常生活蒙受了許多數學的恩澤。

但有件事情不能忘記。

即使如此，數學還是很無聊吧？

「就算聽到那麼多，也不可能今天立刻就能享受到數學的樂趣呢。」

「我也是，雖然走到『數學好像吸引力十足！研究數學的人好像很快樂，好羨慕！』這一步，但不懂的東西還是不懂。」

我和編輯袖山小姐彼此點頭同意。

沒錯。

我個人買了許多數學書籍閱讀，卻難以投入其中。確實，查詢每一個專有名詞的意義，一步一腳印地讀下去，是能夠理解。可是老實說，實在不到「好在意接下來會怎樣！」的程度。

這是因為我們沒有數學才能的關係嗎？是我們生而為人，與他們有什麼決定性的不同嗎？不管怎麼樣，只要得不到，統統都是酸葡萄。就是留下了某種難以釋然的感覺，沒辦法毫不保留地稱讚數學。

就在這時候。

我第一次遇到了同意「數學很無聊」的數學家老師。

★數學缺少「吸引力十足的魅力」

「現在的數學很無趣啊！」

高瀨正仁老師爽快地說道，態度就像在和老朋友閒話家常。今年六十七歲的高瀨老師對數學產生興趣，是在上高中前的春天。

「我即將離開深山裡的國中，去就讀都會地區的高中，期待得不得了。我看了很多教科書，結果發現只有數學的教科書感覺很奇怪，這是第一個衝擊。」

確實，數學的教科書是異類。二次函數、不等式、三角函數、排列組合。每個單元都是突然冒出來的，完全不知道是來自於哪裡、又要往哪裡去。

歷史的話，知道是從繩文時代開始，一路延續到江戶時代、明治時代，然後是現代。生物的話，會介紹我們的身邊有哪些動植物，以及牠/它們的生物機制，有種是自己的延伸的感覺。

「我納悶：『數學是什麼？到底是研究什麼的學問？』所以高一的時候我讀了數學家寫的散文。是岡潔老師的散文。上面提到數學就是人心，也就是以數學這種形式來表現情感的學問。」

「簡直就像在說藝術！」

「是啊。」高瀨老師點點頭，繼續說道：

「我大受衝擊。我從來沒有在其他地方看到『數學是〇〇』的說法，就只有岡老師寫出來了。而且意味不明。」

「不解其意呢。」

「不過這句話有一種魅力。就是從這個時候開始，我對數學產生了興趣，想要更進一步瞭解。可是在學校，我們學的是考試數學嘛。不管再怎麼學，都不覺得它表達了什麼情感。」

「沒錯，我有同感。」

「只是解題而已，一點都不好玩。不，好不好玩先擱一邊，情感到底在哪裡？好奇怪啊。但我心想只要去了大學，就會有許多像岡老師那樣的數學家，有充滿情感的世界在等著我，靠這樣激勵自己努力用功。」

高瀨老師成功地考上了東京大學，實際入學後，卻大失所望。

「完全找不到像岡老師那樣的人。半個也沒有。數學也是，一樣枯燥無味。翻開數學書籍，也一下子就讀得滿頭霧水。必須努力耐著性子，去讀那些寫得又臭又長的內容，並且記住數學的概念和技術，練習到能夠運用。雖然非常曠日廢時，但總有一天還是會讀到最後、能夠重現書上寫的命題。可是我自問學到了什麼？明白了什麼？卻完全答不上來。」

沒錯。我讀了數學書，也有類似的經驗。

「所以覺得很無聊。就算學完一個覺得無聊，還是可以努力繼續學下一個。沒辦法嘛，數學就是這樣的東西。我相信接下來一定會有岡老師所說的情感、魅力十足的什麼在等著我，一直忍耐。可是呢，如今回想，實在是沒有。數學沒有什麼情感。那是無理強求。」

「但是高瀨老師還是繼續擔任數學研究者。」

「是這樣沒錯……身為大學老師，這樣很失格呢。因為很無趣嘛。也就是說，岡老師的數學，才是我追求的數學。因此我開始去找岡老師的論文來讀，更進一步涉獵數學的古典，就這樣不斷地往前回溯。所以感覺上，我更像是一個數學史家。」

★烏龜「嘿咻！」地站起來的數學

雖然開始研究數學史，但高瀨老師仍然志在數學。

「簡而言之，現在的數學，變得沒有情感那些成分了。」

「現在是這樣，意思是過去並非如此嗎？」

「是從一九三〇年代開始。第一次大戰結束後不久，就開始朝現在這種方向前進。其實看看古典數學的世界，有許多像岡老師那樣的人。所以我認為是在這一百年左右，數學走錯了方向。」

這樣的話，等於是我們從出生的時候開始，就一直在學習高瀨老師說的錯誤的數學了。先前訪談過的幾位老師，就是生活在錯誤的數學世界裡的人了。

「過去的數學和現在的數學有什麼不同呢？」

我提出疑問。高瀨老師舉了這樣的例子：

「就類似鶴龜算*和聯立方程式。從鶴龜算來想好了。鶴與龜加起來共十隻，共有三十隻腳，那麼鶴與龜各有幾隻？是這樣的問題。這時候假設烏龜全部

*註：即雞兔同籠的算數問題。在古代從中國傳至日本後，動物被代換為鶴與龜。

直立起來好了。四隻腳的烏龜用兩隻腳站起來，也就是每一隻烏龜會少掉兩隻腳。鶴與龜總共有十隻，所以總共應該有二十隻腳。那麼，把少掉的十隻腳再分配給每隻烏龜各兩隻腳，就可以導出共有五隻烏龜。」

「仔細想想，真是個創意十足的解法呢。」

「想像烏龜『嘿咻！』地站起來的情景，瞬間就可以解開了呢。有種發現的快感和喜悅。但鶴龜算缺少通用性，無法應用到其他問題上。」

確實，人生當中難得遇到只知道鶴與龜的頭腳數目，然後想知道烏龜數量的狀況。

「以代數的語言來表現，就會變成聯立方程式。以x代替鶴、y代替龜，寫成式子。$x+y=10$、$2x+4y=30$，會有兩個式子呢。接下來只要維持等號，依據代數規則，讓式子變型，就可以求出x和y的值。這樣的話，就可以應用到各種問題上。不管是食鹽水濃度、自行車的速度、兩個人的年齡，有多少未知數，就列出多少式子，這樣就可以解開。是非常強大的解題力量。」

確實，我記得國中的許多應用題，都是用聯立方程式來解的。

「過去的數學是鶴龜算。岡老師的數學，就是烏龜站起來。但現在的數學是聯立方程式。雖然解題的力量變強了，卻也變得一般化了。過去的數學是鶴龜算那樣的世界，但近年來卻不是如此了。」

「解題的力量不是愈強愈好嗎？我第一次學到聯立方程式的時候，感覺就宛如得到了魔法工具呢！」

「當然是有那種技術性的快感。可是像這樣愈來愈抽象，就會失去感動。這就是現代數學。」

原來如此。

確實，池子裡有許多鶴與烏龜，烏龜突然全部站起來的景象，鮮活無比。但是把它替換成 x 和 y 的瞬間，就成了不會說話的枯燥無味的記號。

這種情況逐漸加劇，就會變成像是為了迫在眉睫的考試，呆滯地盯著數學參考書，儘管完全看不懂，卻仍繼續翻頁，那種難以言喻的無趣心情嗎？

「『岡－嘉當理論』（Oka-Cartan Theories）可以說是個象徵。多變數函數論——這是岡老師開創的數學領域，他與法國的數學家亨利．嘉當*彼此激盪，完成了這個理論。這位嘉當是與安德烈．韋伊＊共同打造現代數學的人。

一九五〇年，法國數學會的刊物，將岡老師系列作《關於多變數解析函數》的第七篇論文刊登在開頭第一篇。接著刊登的是嘉當的論文，但這是花了一年左右，把岡老師的論文全面改寫過的內容。」

「咦？是一樣的論文嗎？」

「理論上是一樣，卻有著非常大的差異。岡老師的論文，以剛才的譬喻來說，就是鶴龜算，而嘉當的論文則是聯立方程式。也就是嘉當等人把『岡說的就是這樣的內容』抽象化之後，放進他們打造的新的數學裡面。如此完成的就是岡—嘉當理論。也就是同調代數＊……層同調（sheaf cohomology）這門新的代數。」

換句話說，是過去的數學和現在的數學擦身而過的瞬間之一嗎？

「同調代數大獲成功。不只是多變數函數論，也能應用在許多領域上。它在數學的世界建立起非常大的基礎，更衍生出代數幾何學等等，也在解開難倒許多研究者的費馬猜想上做出了貢獻。岡老師因此一躍聞名，他的功績備受讚譽。可是呢……」

高瀨老師放低了音調。

「岡老師非常厭惡嘉當的那篇論文。教科書上刊登的是嘉當的論文，岡老師的論文漸漸沒有人讀了。許多學生——在教科書上讀到嘉當的理論的學生——跑來找變得有名的岡老師，但岡老師說『那才不是我的理論』。挨罵的學生不懂岡老師為什麼生氣，明明他們那麼尊敬老師。」

「原來如此，靠鶴龜算解開難題的人，即使聽到別人說聯立方程式是從那裡延伸出來的，也不會覺得開心呢。彼此之間有分歧。」

「岡老師的論文也被嘉當修改了。他最想說的部分被刪掉了。至於被刪掉了什麼，是主觀的部分。『我為什麼寫這篇論文』，這些文字從序文被刪得一乾二淨。對嘉當來說，這種東西是不必要的。」

「為什麼？」

＊註：亨利．嘉當，Henri Cartan（1904-2008），法國數學家，對後世影響深遠。

＊註：安德烈．韋伊，André Weil（1906-1998），法國數學家，為代數幾何奠定了基礎。

＊註：同調代數，Homological algebra，其源頭可追溯到十九世紀末代數拓樸與抽象代數的發展，在二戰後才確立為獨立的數學分支。如今為代數拓樸等領域中不可或缺的工具。

「現代數學重視的是客觀性，是不能寫出個人主觀的。如果寫下研究數學的意圖、動機那些，會被指導教授罵。只要淡淡地寫出命題和證明就夠了。」

總覺得這樣也很寂寞呢。

「也就是說，個人的發想這類事物，被當成特殊的方法，沒有價值。相反地，更偏重於普遍性、一般性和嚴謹度上。」

我漸漸明白了。確實，烏龜一口氣全站起來的點子，不是那麼容易就能想到的。那是天才、或是專精此道的職人的神乎其技，不是任何人都模仿得來的。

相對地，聯立方程式只要學會，任何人都可以解開問題。不管是天才還是凡人都一樣。

「變成了每個人都能理解、非常方便的工具。現在的數學以某個意義來說，變得非常簡單，只要從前面一路讀下來，就可以確實趕上它的邏輯。雖然需要一定程度的訓練，但那就像是在駕訓班學開車技術，或學習電腦操作，是這一類的訓練，不需要特出的才能。只不過，也變得一點樂趣都沒有了。」

確實，我難以想像開車或操作電腦本身有辦法趣味橫生。那只是單純的操作過程而已。

「藝術性消失了。岡老師說的情感不見了。這樣一來，就不知道是為了什麼而研究數學。只是不斷地學習與自己的感動無關的知識，這不是很奇怪嗎？」

唔……我沉思起來。

在民族國家成長、發生總體戰的時代，出現了數學的轉換。在時代的洪流中，原本只屬於部分貴族的特權，開始向平民百姓開放了。在那個時代，所有的人都接受教育，投票選舉，並且被送上戰場。

或許打造出現代數學的人，是把過去只有天才才能接觸到的數學這個神祕的世界，賦予了世界上每一個人。或許他們想讓數學變成像開車、用電腦那樣，只要練習，任何人都能使用的工具。

「抽象化的動機嗎？或許是有這樣的動機吧。奠定現代數學基礎的戴德金、柯西進學校任教，好像就是懷著想要做出數與函數的定義的動機。」

這是有意義的事。但同時也意味著神祕性的喪失。

比方說漆器也是，在過去每一個漆器都必須由師傅親手製作的時代，漆器高不可攀，不是任何人都可以拿來日常使用的。但如今漆器可以大量生產，只要不計較品質，一百日圓就可以買到。說方便是方便，但或許我們也失去了古人對漆器的那種浪漫情懷、工匠對作品注入的靈魂。

如果數學也發生了相同的現象……

高瀨老師繼續說道：

「岡老師系列作中的第十篇論文，也是最後一篇論文，在序文中寫下了對現代數學的批判。『我認為這個狀況就宛如冬季蕭瑟的景色』。『我想寫出讓人們再次感受到盎然春意的內容，因此寫下這篇論文』……」

★就像畫巨幅畫作般研究數學

確實，數學或許有點冬天的況味。

因為感覺不到人的溫暖。

我沒有在數學教科書上塗鴉的記憶。因為數學教科書上完全沒有人的照片。

國文和社會課本當然一定有，就連化學和生物課本，偶爾也會出現偉人的照片，可以在上面畫鬍子。我覺得數學是刻意拿掉人味的一門學問。

把鶴代換成 x，龜代換成 y。從論文刪去主觀，讓它變得任何人都能運用。任何人都能運用，從某個意義來說，也就是不以任何人為前提，總有一種冰冷的印象。

雖然我覺得這種孤冷的完美，也正是數學帥氣的地方。

「在數學領域，人與人的連繫本來是非常濃密的，現在卻斷絕了。經歷兩次大戰，法國有非常多的數學家死去了。只留下嘉當、韋伊的數學、現代數學。德國數學也全滅了。留下來的數學家去了美國，被美國化了。這中間有個斷層。」

「冬天的數學成了主流，直到今天？」

「可是呢，每個人都認為數學是持續在進步。說數學存在斷層的就只有我一個人。」

「請問，現在的數學有什麼問題呢？我已經知道現在的數學不有趣了，但其他還有什麼樣的問題？」

「我認為是沒辦法提出問題。」

高瀨老師點了一下頭說。

「解題能力變得非常強。所以就連韋伊猜想那些也都能解開。這是現代數學最大的成就。可是呢，那個問題是從鶴龜算的世界拿過來的。對於黎曼、阿貝爾*、克羅內克*、希爾伯特*這些鶴龜算的世界的人所提出來的問題，說『現代數學中足以匹敵的問題是這個』，端出假貨來。就是在解這種假貨。不是從現代數學中自己誕生的問題。」

「怎麼說，就類似只在試管中實驗成功的感覺嗎？」

「是這種感覺。變得只能像這樣提出問題。而且問題也變得愈來愈細，愈來愈偏門，只有同一個專門領域的人才有辦法理解，所以需要交流，美其名為共同研究，是這種狀態。在同一個圈子裡，又變得更細碎了。」

「聽到這話，總覺得前景愈來愈狹窄……」

「所以才迫不得已，想要和實際學問連繫在一起。朝著在實際社會活用數學的方向，來尋找生路。像是密碼研究那些。」

語氣依舊柔和，但高瀨老師的話，就像在痛斥「現代數學已經墮落了」。

「那過去的數學，都是怎麼提出問題的呢？」

「以高斯*為例好了。他在十七歲的時候有了一個驚人的發現。但他寫道，他感覺到這個真理的背後，隱藏著某種巨大的事物，他看到的只是冰山一角，他想要揭開這巨大事物的全貌。」

「這樣啊，問題是源自於人的衝動是嗎？」

「對，想要揭曉、想要瞭解、想要創造。也就是岡老師所說的情感，想要在數學這個框架中表現自我，問題就是像這樣出現的。」

那麼，提出問題和解題，是一連串的行為。若是只有解題的力量變強，就會失衡。

「以前的數學，就像是利用自己擁有的數學世界觀，來畫出巨幅畫作般的行為。用來畫圖的顏料那些，全都靠自己準備，然後相信一定能夠解開問題，去面

---

*註：阿貝爾，Niels Henrik Abel（1802-1829），挪威數學家，與伽羅瓦一同被譽為群論的先驅。

*註：克羅內克，Leopold Kronecker（1823-1891），德國數學家，主要研究代數和數論。

*註：希爾伯特，David Hilbert（1862-1943），德國數學家，十九與二十世紀交界最具影響力的數學家之一。

*註：高斯，Carl Friedrich Gauß（1777-1855），德國數學家，史上最重要的數學家之一，被譽為「數學王子」。

對挑戰。」

想要解開的意志是非常重要的關鍵。然而嘉當卻把岡老師論文中「我為什麼寫下這篇論文」的序文刪除了。兩人的想法是南轅北轍。

「那，數學是非常個人的行為嗎？」

「岡老師的序文如此。費馬亦然，他寫下了很多信件，在信上告訴別人，『我發現了這樣的定理』、『我把它稱為「基本定理」』等等，是這樣的內容。可以感受到費馬的心情和感動。這些是應該繼承維繫下去的東西。我認為，這應該就是數學的感動。」

「不是費馬的理論本身讓人感動，而是他的感情、感受讓人感動呢。」

「沒錯。對理論本身感動，這我也不是很明白。常有人說美麗的算式什麼的，但我認為算式就只是算式而已。歐拉的 $e^{\pi i}=-1$ 常被人說是美麗公式的代表，但那就只是公式而已，是式子。只是在得出這個公式之前，歐拉是如何思考、想要探究出什麼的底細，而一步步前進？他迷惘、煩惱、靈光乍現。這些都寫在論文裡面了，讓人非常感動，會對歐拉深感共鳴。」

高瀨老師低聲說，教科書就是只印上公式，才會變成讓人死背的東西。

「總覺得現在和過去差異好大呢。」

「現在是本末倒置了。想出些無聊、細微末節，但是艱澀的問題，建構出龐雜的理論去解開，然後把如此形成的理論當成數學的發展。解開的問題本身很無聊，卻把它們當成數學發展的里程碑。」

是數學變得比人還要偉大了嗎？

在過去，數學是人用來表現的手段之一。聽到高瀨老師的觀點，感覺就好像人類在犧牲小我，好讓偉大的數學持續下去、有所發展。

事物一旦變得過於巨大，個人就會被壓得喘不過氣來。不只是數學，社會和企業，或是文明，其實也都是一樣的。

★想要復原過去的數學

我和高瀨老師幾乎馬不停蹄，聊了三個小時左右。忽然間，高瀨老師為難地笑了：

「其他老師都說些什麼？他們有提到像我說的這種事嗎？」

其實高瀨老師一開始想要婉拒訪談。是我勉強老師答應的。

「我認為現在正值數學的寒冬。可是呢，也有人能接受這就是數學。這樣的人會變成大學老師呢。闖進活在現代數學的人當中，說什麼數學的寒冬，怎麼說，實在很煞風景，我覺得很不好意思。感覺就好像在說壞話一樣，對吧？」

「但是聽到老師的話，我覺得我對數學抱有的難以釋然的感覺，又冰釋了一些。原來我們一直在學的都是冬季的數學，既然如此，會無法融入其中也是難怪。至於其他老師，是啊……」

我回想起先前訪談過的各位老師。每個人各有特色。

加藤文元老師、千葉逸人老師、渕野昌先生都是愛上現代數學，在其中找到豐富的感情，精力十足地投入研究。「大人的數學教室 和」的堀口智之老師和松中宏樹老師雖然不是學者，但或許也是一樣的。他們深愛現代數學的美，積極地從事滿足社會需要的工作。或許他們和高瀨先生會話不投機。

「但不光是理論，也有一些老師提到人的感動。」

黑川信重老師就是如此。他說讀了歐拉的論文，讓他勇氣百倍。加藤文元老師也提到追尋伽羅瓦的腳步這樣的數學樂趣。津田一郎老師則是一語斷定說數學就是「人心」。

「也有人提到相同的問題點。」

阿原一志老師說因為數學變得太難了，讓他一度討厭起數學。他現在於Hyplane這些他喜歡的領域從事研究，繼續留在數學界。黑川老師也說現在的數學變得太困難，有可能會因為一些契機而重生為新的形態。

「也有人找到獨特的數學樂趣，或是正在摸索。」

搞笑藝人高田老師想要讓數學變成任何人都能樂在其中的娛樂。熱愛數學的國中生Zeta大哥，還在探索該如何與數學相處、思考數學究竟是什麼。

有多少人，就有多少種對數學的想法。

有人創造數學，有人學習數學，有人教導數學，有人用數學遊戲，也有人討厭數學。

高瀨老師聽著我的話，點頭附和：

「能找到自己感興趣的部分，持續研究下去的人，就能成為數學家。沒辦法的人，就會離開數學世界吧。」

確實，我也聽到許多離開數學研究之路的人。是基於什麼樣的理由離開，只有問本人才知道，但或許也有人抱持著和高瀨老師相同的想法。

「我呢，想要復原古典數學。也就是岡老師的那種數學。我翻譯古典著作，也寫一些書，希望能找到與我共鳴的人。但遲遲沒有同好出現呢……」

高瀨老師笑咪咪地說，卻顯得有些寂寞。

現代的數學，過去的數學。

無論是斷絕還是持續進步，我都瞭解到數學有了相當大的變化。過去和現在，應該都各有它的問題和不滿吧。

然後，每個人的喜好也都不同，有人能徹底浸淫在當下的數學，也有人是在妥協中與數學打交道。

「戰後曾經有個組織叫新數學人集團（Shin Sugakujin Syudan），簡稱

SSS。這是以數學家谷山豐為中心組成的團體，目的在於共同學習數學。他們對現代數學，也就是當時的新數學，懷有很大的憧憬。」

高瀨老師的眼神像在遙望。

「那時候的人，並不認為數學正值寒冬。他們似乎認為有一門擁有深奧內容的新學問正要形成。可是呢，看看SSS的雜誌，上面很坦白地寫出這樣的內容：學習新的數學，有個非常令人困擾的問題，那就是有時候會不知道自己在做什麼。」

這完全就是覺得數學很無趣的心情啊！

或許他們的心中也有迷惘。

「譬如說，看看菲爾茲獎*初期的主題，包括：洛朗．許瓦茲（Laurent Schwartz）的廣義函數（generalized function）、勒內．托姆（René Thom）的配邊（cobordism）、約翰．米爾諾（John Milnor）的微分拓樸、七維異種球面（exotic 7-spheres）……每一個感覺都很驚人，讓人覺得裡頭一定有極精彩的事

＊註：菲爾茲獎，Fields Medal，數學界的諾貝爾獎之一，得獎者須在40歲以下。

物、總有一天一定能走到動人心魄的地方，所以會想要努力學習。可是呢，我自己不管怎麼努力，都沒有半點收穫。那裡什麼都沒有。」

這麼一想，總覺得教人難過。

「岡老師見過打造現代數學的安德烈．韋伊。聽說他們聊了這樣的內容。岡老師問：『你們研究的集合論*有趣在哪裡？』」

每一名數學家都有不同的想法，而且真誠地付出努力。不管是現代數學還是古典數學，應該都是一樣的。

「韋伊回答說：『數學這東西，有時候必須說空無一物的地方有什麼。這種時候，集合的概念就非常管用。』是這樣沒錯，不過那豈不是就像小孩子的玩具嗎？——岡老師在未出版的散文中這樣寫道。」

就如同岡和韋伊的想法如此天差地遠，數學也出現了決定性的斷裂。

我不由得心想：真希望所有的數學家都能是幸福的。

★往後的數學

高瀨老師對現代數學持批判觀點，或許也可以說是厭惡。但高瀨老師忠於自己的心情，持續尋找他所追求的數學，最後找到了古典數學。然後他不斷地傳達出自己的想法，以尋找能夠和他共鳴的夥伴。

我實在不認為這樣的高瀨老師是討厭數學的，反倒可以說，他其實深愛著數學吧？

離開電梯時，我們向高瀨老師道謝並辭別。目送著直到最後態度都很開朗的高瀨老師遠離的背影，我忽然想到自己或許也是一樣的。

覺得數學很無聊、很討厭時，我一把拋開數學書，做起其他的事來。但是有討厭的數學，或許意味著在某處存在著我喜歡的數學。

我可以出發去尋覓它。我可以在現代數學當中學習其他領域，或是面對古典數學，或是去世界的其他地方尋找，也可以自行去創造——創造一個全新的、自己覺得好玩的數學。

＊註：集合論，Set theory，研究集合（由一堆抽象物件構成的整體）的數學理論。

我請教過渕野昌先生：「真正的數學是什麼？」

他沉默了一下，答道：

「那個人認為是數學的東西，就是數學吧。」

眾多的數學家今天也持續在研究。即使現代數學真的走到了死胡同，或許也會有人催生出新的數學。

我相信，數學的未來絕對是明亮的。

12 數學家絕美的日常

黑川信重老師、黑川榮子女士、黑川陽子小姐

「我從來不覺得他是天才。在家裡，沒人把他當天才。」

師母說得太斬釘截鐵，我忍不住提心吊膽地問：

「可是黑川信重老師一直以數學作為職業，現在也不停地產出新的論文，我覺得他非常厲害耶。」

「那是因為有數學這顆格外閃耀的星星，所以他才能叨光，讓人家叫他『老師』。要是沒了數學，他就只是個怪人而已。」

師母「呵呵」笑道，忽然想到似地拍了一下手：

「啊，可是整理房間的時候，或許會覺得他有點天才。」

「怎麼說呢？」

「家裡有一大堆文件和書本，大概塞滿三個房間吧。我看著那些亂成一堆的東西，發現種類五花八門。有雜誌、有小冊子，書也是，當然有數學書，但也有物理和化學的書，還有生物、植物，連歷史和文學的書都有，這些全都亂糟糟地堆在一起。一般的話，應該會數學歸一邊，娛樂歸一邊，分類一下吧？可是他是全部混在一起。食物飲料也丟得到處都是。然後本人隨便抓一本書當枕頭，就睡在裡面。」

好驚人的景象。

「看到他那副模樣，我會想：搞不好他真的是個天才。絕對不是正常人。」

「但一想到美麗的數學理論是從那裡誕生的，真不曉得腦中究竟發生了什麼事呢。」

「一般人絕對受不了的。」

師母目瞪口呆地喃喃道。

「老師，久疏問候了。」

我對現身的黑川信重老師行禮寒暄。

「哪裡哪裡，好久不見。」

黑川老師一如往常，滿臉笑容，搖晃著龐大的身軀向我行禮，在沙發坐了下來。向店員點了咖啡後，我向老師道謝：

「前些日子謝謝老師撥冗接受採訪。還有，老師都會寫連載文章的感想給我們，真的非常感謝。」

「已經持續了兩年左右吧？」

「一年多。是從去年的十一月號，對黑川老師的訪談開始連載的。」

和袖山小姐一起拜訪東京工業大學的那天恍如隔世。當時因為即將生平第一次見到數學家，我緊張萬分地赴約。後來黑川老師退休離開了東京工業大學，但現在仍有許多連載稿約和演講，每天都相當忙碌。

「我聽到許多數學界人士的說法，對數學完全改觀了。」

「啊，這樣嗎？」

「有人很快樂地研究數學，也有人說古典數學才是美好的，現代數學就像寒冬。也有人用數學來表演搞笑。有些人的氣質，一看就非比尋常，也有些人很隨和好聊。」

「一般世人對數學家的印象，應該是除了數學以外就是個廢人吧。」

黑川老師笑吟吟地說。

「這次又提出這樣的不情之請，真是很不好意思，但到了最後一回，我希望黑川老師能再撥出一點時間，解答我心中對數學的疑問。」

這個要求或許有些自以為是，但黑川老師爽快地點頭答應：

「好的，我當然會負起責任，盡量解惑。」

「對於外子的工作，我完全沒有幫過什麼忙。」

師母說起話來清晰明瞭，但口吻很文靜。

「黑川老師也寫過許多數學書，師母也會讀嗎？」

「不會。」

又一個乾脆俐落的回答。

「光是看到數學算式，我就頭昏腦脹了。所以我說我只想讀算式以外的文字部分，結果他聽了笑出來，說：『孩子的媽都那樣看書喔？』」

我覺得那樣才有比較多的人讀得下去啊——師母埋怨說。

「之前也是，我看到『2的負30次方』，生氣說哪有負的次方啦，結果他就笑。他說『就分數啊』，既然這樣，寫分數我就懂了，幹嘛用什麼負呢？」

「師母會想要理解黑川老師在研究的數學世界嗎？」

「不會。就算想也不可能理解吧。」

師母榮子女士瞄了旁邊一眼。

女兒陽子小姐坐在那裡。她也點點頭說「對」。

「如果能夠理解的話呢？」

師母稍微想了一下，開口說：

「我以前是唸文組的。我覺得文組的人在一起會吵架，但是文組和理組的話，就能彼此尊重。」

「因為彼此的世界不一樣嗎？」

「對，所以我不會讀外子的書。就算外子拿書給我看說『出書囉』，我也只會問他賣了幾本而已。然後會聽到賣了幾十本，版稅七千日圓之類的，就會忍不住逗他『要以百萬暢銷書為目標啊』，就這樣結束話題。」

因為有無法理解的部分，所以能夠彼此尊重，也是因為尊重，才能像這樣打趣吧。

「最讓我驚訝的是，數學的世界比我想像的要遼闊太多了。」

我向黑川老師表達我的想法。

「為了考試而學的數學，老實說，我不是很清楚跟現實有什麼關聯，總覺得那是特殊的世界。可是，其實數學隱藏在各個所在。像味噌湯的對流、觀光地的過橋方式、加入砂糖攪拌飲料的動作等等。」

「嗯，所以我認為數學是一種語言。」

黑川老師點頭同意。

「就像日語和英語，數學也是諸多語言當中的一種。只要運用這種語言，就能非常精密地表達某些事項。能夠輕易用日語表達的事，沒必要勉強用數學來寫，但裡面有些事情用數學來表達，就能非常容易地理解。」

「比方說什麼樣的事呢？」

「如果要證明『某物不存在』，用一般語言來表達，會變成原地兜圈子，對吧？像是不存在的東西拿不出來、看不到。但數學的話，就能以邏輯說明五次方程式沒有公式解。用數學來證明不存在的事物，是數學的常規用法之一。」

「數學是擁有這種優點的語言呢。」

「是的。所以我覺得數學這種語言，非常擅長去進行史無前例的事。我尤其喜歡用數學去做沒有任何人在做的事，這是我的興趣。『多重三角函數論』算是我創造的，創造這種東西，純粹地非常有趣。」

與其說數學家也是形形色色，或許應該說原本就有形形色色的人，只是剛好他們都是以數學當作共通語言嗎？

「對，這也是一個。還有，像日語也有古文和現代文對吧？數學也有這樣的差異。因為數學是至少延續了三千年的語言。」

就連日語都不斷地出現新的詞彙，老舊的詞彙日漸消失，長者和年輕人雞同鴨講的狀況是時有所聞。一想到數學三千年的重量，我一陣頭暈目眩。

「也會根據研究哪個部分而不同。有人研究古典數學，也有人走在現代的最前線。說是現代數學，也沒有一個已經完成的形態，因此隨時都在變化，到處都在進行各種新嘗試。」

「對數學的看法，每個人也都不同。有人認為數學就是美麗的理論，也有人看到了創造出數學的數學家的人生。有人狹隘地把數學當成學校學科之一，也有人將它視為人類自太古延續至今的知性巨流。雖然說是在研究數學，也難以一概而論呢。」

「對，就像有『說日語的人』這個大框架，數學也有類似方言的東西。也有標準話無法表達，只存在於方言的表現。但方言在某程度上也是標準話的變形版，因此還是能夠理解。因為有公理那些規則，或許不清楚其中微妙的差異，但依然可以掌握大意。」

所以才有那麼多的人能夠在其中共存吧。黑川老師繼續說：

「現代音樂有前衛音樂這個種類對吧？像約翰．凱吉（John Cage）作曲的曲子〈4'33"〉。」

「對，就是那首在四分三十三秒間完全不演奏的曲子吧？」

「數學也有這樣的東西。譬如說『一元體（field with one element）上的數學』，就接近前衛音樂。亦即，也有人說那種東西應該不存在，但是在某種意義上是存在的，只要巧妙運用，就能構成理論。我就是在做這方面的研究。」

「數學的範圍真的好廣。」

「當然也有人在討論，數學的理論，容許範圍究竟到哪裡。這叫『數學基礎論』。以國文來說的話，就是文法，有些人特別關注文法，在研究文法。相對地，也有人不打算深入探究文法，熱衷於解決更符合現實的問題。」

完全就是語言。運用方式因人而異。

我認為實際上，數學和日文就是截然不同的語言，所以才會各別歸屬於理組和文組。

但如果把日文和數學都同樣當成「語言」來看待，或許兩邊都可以說是文組。是否要畫出界線，是個人的自由。

「黑川老師平時的生活都是什麼樣子呢？」

聽到我的問題，師母和陽子小姐對望了一下。

「一坐上電車，就會悠哉地寫起筆記來。」

「家庭旅行的時候也是嗎？」

「對。就算一起看風景之類，我想他的腦袋裡也塞滿了數學，沒怎麼看進去。該怎麼說才好呢？」

師母舉了個例子：

「前些日子也是，出門的時候，我告訴他：『伴手禮在玄關的袋子裡。』他應道：『帶這個去就行了，對吧？』但他提走的是裝了除草劑和肥料的白色塑膠袋。明明我就裝在漂漂亮亮的紙袋裡，他怎麼會偏要拿那一袋呢？還真教人想不通呢。」

「老師不會檢查裡面嗎？」

「我覺得他根本心不在焉。走到玄關，覺得放在那裡的就是他要的東西，拎了就走。聽說以前他愛乾淨的姊姊把他的課本全部用包裝紙當書套包起來，結果他因為變得跟昨天不一樣，嚇了一大跳，找了一個小時都找不到課本。」

是有些無法變通嗎？

「有一次爸爸和我還有弟弟三個人一起騎自行車去圖書館。」

這次換陽子小姐說。

「我們照著爸爸、我、弟弟這樣的順序騎車，爸爸看不見最後面。結果過馬路的時候速度太慢，我弟差點被車撞了。」

師母點點頭：

「他不會去注意，自顧自用自己的速度在踩踏板。應該是喜孜孜地自以為隊長吧。他只要專心在一件事上面，就會看不到其他東西。如果是母親，應該就會隨時留意最小的孩子，緊盯著不放。但他沒辦法。數學的話，他或許可以讀出十步以後的狀況，其他事情就完全無法發揮預測能力。」

雖然專注力驚人，但在日常生活中似乎也有不少辛苦之處。

「現實生活有時候會讓我覺得很累，但是在研究數學的時候，我從來不會覺得疲憊。」

黑川老師輕輕眨了眨眼說。

「數學是非常美麗的世界，而且邏輯分明，所以再理想不過了。但現實的世界卻不怎麼理想呢。所以能選擇的話，我想去數學的國度。在數學的國度，不會有人撒謊，只會說對的事、正確的事。」

「老師從來不會因為解不開問題而痛苦嗎？」

「不會，因為從某個意義來說，解不開是當然的。反而會去享受解不開的樂趣。如果解不開，享受的時間就更長了，不是嗎？搭電車也是，搭新幹線是很快沒錯，但坐慢車的話，可以享受更久的乘車樂趣。所以我非常喜歡青春十八旅遊通票。」

「我一直以為數學最重要的是解開問題。」

「在學校教育中的測驗、入學考是這樣沒錯。但那是已經有人解開過、再讓別人去解的問題。某方面來說，是在叫人做白工，簡直是霸凌。」

黑川老師說，那就像是在河邊堆石頭，堆成塔後再一腳踢倒。

「所以我認為提出新的猜想、新的問題，才是享受數學正確的方法。」

「然後去享受那些解不開的新問題嗎？可是，這要怎麼做呢？」

「數學的話，必須自己去思考各種要素。如果是物理的話，就有點道聽塗說的部分。」

「道聽塗說？怎麼說？」

「在數學領域，即使有人公布了某些成果，除非親自驗證，否則不會立刻相信。但物理的情況，要是每一項成果都要逐一驗證，會落後別人，所以會姑且信以為真地拿來做研究。這部分相當不同。數學領域中，在學會的發表不太具有意義，要等到寫成論文出版之後，也就是經過許多人的驗證，確定真實無誤，直到這個階段，才具有意義。」

黑川老師說得輕描淡寫，但或許這是非常厲害的事。

有人說「這是砂糖罐」，把一罐東西遞過來時，一般人都會不假思索地把它加進咖啡裡飲用。但數學家要親自舔一舔，確定真的是砂糖，才會拿來使用。不，或許數學家連咖啡加糖會變好喝這樣的前提都會質疑，搞不好還會從何謂美味的定義來開始思考。

「所以懷疑能力特別的強的人，或許很幸福。而聽到什麼都照單全收的人，在學習數學的時候是還好，但遇到要做研究、發掘新事物，就會陷入困境。」

「這樣啊。懷疑也就是生出新的問題……」

「是的。在學習的過程中，我們能夠理解、信服，是因為自己的想法和過去的想法相似。反過來說，這不適合用來解從未解開過的問題。因為就是用過去的思路解不開，才會變成未解決的問題留下來。」

「確實如此。那，需要異於一般的觀點呢。」

「是的。」

「不是就此接受，而是去懷疑，並貫徹到底。」

「對。有位菲爾茲獎的得獎人小平邦彥先生說：『數學就是在泥沼中掙扎爬行。』一個人在泥沼當中，這也不是、那也不是地到處摸索，掙扎多年，然後才總算能夠爬出水面。」

「就是要在那泥沼的掙扎當中找出樂趣嗎？」

「是的。」

我想了一下，但仍不得其解，因此問道：

「它的樂趣在哪裡呢？」

「喔，別人是不會懂的吧。但是在只屬於自己一個人的世界裡痛苦，是非常有趣的事。是一種在做別人不懂的事的獨門樂趣。」

「難道，就像是在未知的行星上冒險嗎？」

「喔，很接近。」

我似乎瞭解為何每一個數學家的眼神都如同少年般閃閃發亮了。

「就算叫我爸教我數學，我也聽不懂。」

陽子小姐苦笑說。

「他的解釋都超級跳躍的。就像棒球選手長嶋茂雄，說什麼『球來了揮棒就對了』，根本不瞭解不懂數學的人是什麼心情。」

「老師平常的說話方式是什麼樣？果然是井井有條，像數學那樣說話嗎？」

「才不是呢。」

師母喃喃說，陽子小姐也點點頭。

「應該不太是那種感覺。」

我感到很意外。

對我來說，黑川老師說的話非常井井有條，即使是困難的概念，也能流暢地理解。

「剛才我說他會在電車寫筆記，可是他的筆記內容，看了也會讓人懷疑這個人是不是怪怪的。」

「喔，他的研究室確實也堆滿了筆記紙張呢……老師說筆記累積了一定的份量，就可以變成論文。筆記的內容是什麼樣子呢？看起來像數學計算嗎？」

「不，看起來不像。那叫生物的系統樹*嗎？感覺像那個。」

總覺得散發出某種深不可測的氣息來了。

「說到計算，我們不是都會想到用等號連接，由上往下一路算下去，最後得出答案嗎？可是不是那樣的東西。筆記頁面上散落著一大堆記號什麼的。」

陽子小姐補充師母的話說：

「有時候還會畫一些虛構的動物，還突然冒出松尾芭蕉的俳句*。我猜應該是在拼湊各種文化，想要建構出一個世界吧。」

「虛、虛構的動物嗎？」

不同於一般的事物觀點。在泥沼中爬來爬去的樂趣。

我大概開始瞭解黑川老師的心中塞滿了這樣的東西。

「是嗎？我不記得我有沒有在筆記上塗鴉呢。」

我拿這件事問黑川老師，他笑著回答說。

「但是思考ζ函數的時候，從某個意義來說，是把ζ函數當成ζ星的生物，所以或許我想像過它的樣貌，畫了素描。其實要是有擅長畫圖的人幫我畫，那就更好了。」

「數學函數是生物嗎？」

「只是想像中的形象。ζ裡有相當於植物的ζ，也有相當於動物的ζ。用這種思考方式去想，在實際寫論文的時候會有幫助。不過要是講出來，會引來不好

* 註：系統樹，呈現不同物種或是同物種不同族群的個體之間親緣關係的樹狀圖。
* 註：俳句，日本特有的文類，由日文五、七、五共三行、十七個音節組合而成的短詩。

的風評，所以我是不會寫在論文裡啦。」

「總覺得在黑川老師心中，數學和生物學是沒有界線的……聽說您會買各種類型的書籍，全部放在一起？」

「也不是，我只是把想要瞭解的領域的書、想讀的書買回家而已。」

「您會凡事都和數學連結在一起思考嗎？」

「會嗎……？可是，譬如說江戶時代有位思想家安藤昌益，讀到他寫的東西，就可以理解從某個意義來說，他是在講數學。」

「那是關於思想的書嗎？」

「對，是他自己構思出來的一套思想。而我會想那如果是數學的話，他應該是在講怎樣的東西。會有這種情形。」

數學果然是語言。

黑川老師能把世上所見所聞的森羅萬象，都化為數學這種語言。對我們而言，數學就好像魔法一樣，就如同在識字率極低的時代，讀書的人看起來就像魔術師。

「這麼說來，師母說老師就連去旅行的時候都滿腦子想著數學，好像根本沒在看風景。」

「才不呢，我有看啊。」

黑川老師苦笑著否定說。

「只是，嗯，我有可能是一邊欣賞風景一邊思考數學啦。一邊望著美麗的景色，一邊遙想ㄜ星的風景或許就像眼前這樣……」

這樣能算是在欣賞風景嗎？讓人難以判斷。

「但是爸爸是那種絕對不會錯過家庭活動的人。」

陽子小姐做出拿攝影機的動作。

「只是，他拿攝影機去拍小孩子的運動會，也有一半都在拍天空。畫面一直是天空。」

「為什麼呢？」

「他應該是喜歡天空吧。」

師母從旁加入。

「結果拍到電池沒電，還跑回家拿電池。真不曉得是在做什麼。」

「我也喜歡天空。我和爸爸一起看雲，他就會說：『今天畫雲的人畫得特別好。』他在心裡設定成天空有負責畫雲的工人，在那裡批點呢。說什麼今天畫得很爛之類的。」

「搞不好他也可以去當童話作家。」

師母也笑了。

聽說老師在家裡幾乎不會談論數學，反而更常聊到雲或動物這些。

「小時候他不是會朗讀『透明繪本』嗎？」

「那是什麼？」

我探出上半身問，陽子說明：

「像午睡之前，父母不是會讀繪本給小孩子聽嗎？爸爸會自己編一些故事說給我們聽。他會假裝手上拿著一本書，一邊看我和弟弟的反應，臨場發揮講故事。發現我們聽到『毛毛蟲從天空中掉下來』會哈哈大笑，就不停地讓毛毛蟲掉下來。」

師母露出意外的表情說：

「咦？我還以為他完全不會察顏觀色呢。」

「爸爸會啊。他會讓掉下來的毛毛蟲數量愈來愈多。」

聽著聽著，我覺得黑川老師就是個超級有趣的父親。至少在讀透明繪本的時候，黑川老師應該暫時忘了數學吧？

陽子小姐像這樣形容：

「我想爸爸的腦中無時無刻不想著數學這個非常重要的東西，數學是他生活的中心，但他也是個很重視家庭的人。」

師母也點點頭說：

「是啊，我覺得即使必須犧牲數學，他也會為了家人而行動。像之前我住院的時候，他每天都到醫院來看我，這孩子出生的時候也是，他上完課後都會到醫院來。」

「老師會在醫院做什麼呢？」

「在病床邊笑咪咪。」

「嗯，笑咪咪的。就跟平常一樣。」

陽子小姐和師母都說，從來沒有看過黑川老師發怒的樣子。

「如果要在家庭和數學之間做選擇，老師會兩邊都選吧？」

我向黑川老師確認，結果他回答說：

「不，我最後還是會選擇家人吧。」

之前黑川老師甚至說他想前往數學的國度，卻做出這種回答，讓人覺得有些奇妙。或許黑川老師是想帶著家人去數學之國旅行。

「內人擁有非常強大的生命力，非常能幹。我是大學老師，她是高中國文老師，但教大學生的工作，與其說是指導，更像是讓他們繼續發展就好了。相對地，高中生不能把他們退學，又必須善加引導，這部分她做得非常好。」

「確實，老師和師母，兩人感覺個性彼此互補。老師是被師母的什麼地方吸引呢？」

「我們是相親結婚的。她處理事情非常明快，很可靠，有種江戶人的爽快果斷。所以只要有了內人，我幾乎可以完全不管現實的雜務。我連自己的銀行帳戶是什麼狀況都不清楚，全部交給內人。」

或許就是因為有師母，黑川老師才可以放心前往數學的國度。

「應該是因為他是個好人吧。」

我也請教師母黑川老師吸引她的地方。

「他絕對不可能做壞事。然後他也不會強迫別人做什麼。別人想做什麼，他都會讓他們做。」

「有一次爸爸跑到廚房沙沙沙地翻櫃子，就像動物偷偷跑進來找東西吃。我一打開廚房門，他就整個人定住了。」

陽子小姐向我出賣黑川老師。

「嘴巴都沾到巧克力了，還堅持說他沒有吃。」

「對對對，人家送的點心禮盒也是，明明就吃掉了，卻用包裝紙偽裝起來呢。把紙弄得圓鼓鼓的，好像裡面還有包東西，盒子也留下來。明明一定會被發現，他真的很好笑。」

師母似乎也放棄規勸了。

「這樣啊。」

我低吟說：「天才也是有日常生活的呢。」

「當然了。他的日常很普通。不，比普通還糟糕吧。」

「剛才您說有三個房間都塞滿了紙張。」

「對，有的房間地板都被壓垮了。」

「我小時候一直以為每個家庭都像我們家，有好幾個房間塞滿了紙。」

師母和陽子小姐爭相說道。

「外子現在的房間和主屋相鄰，可是他就算只是來上個廁所，每次都一定要把門鎖上。那個房間全是紙，有什麼東西好偷的？就算小偷上門，也只能摸摸鼻子離開吧。」

「看上去就像已經被別的小偷捷足先登了呢。」

「沒錯。這個家要是沒有我，早就變成垃圾屋了。」

「就是啊。」

「要是黎曼猜想已經解開，那些筆記就在房間裡面，那鎖門還情有可原。有時候我會故意套他的話：『要是地震來了，我們要帶什麼跟什麼逃走，孩子的爸就只要拿那個黎曼的答案逃生就行了。』不過看他的反應，我想應該是還沒有解開吧。」

這是只有家中有數學家的家庭才有可能出現的對話。

我再次向黑川老師道謝。

「今天真的太謝謝老師了。」

我不光是請老師再次接受採訪而已，還拜託師母和女兒談談丈夫和父親，黑川老師都爽快地答應了。

「哪裡，有什麼參考價值嗎？」

「有的，非常有幫助。」

展開採訪之前，說到數學家，我便任意想像是天才、怪胎。因此我得承認，在實際見面之前，我便緊張萬分，並懷著幾分參觀珍禽異獸的不正當期待。

但是聽到許多數學家現身說法後，我的想法逐漸改變了。

數學家確實是有異於常人的地方，但也有非常貼近我們的部分。

我想要確定，到底哪一邊才是真實的他們？我覺得在這當中，有著屬於我自己對數學的答案。所以我才會想要聽聽和數學家一起生活的家人怎麼說。

黑川陽子小姐現在是一名活躍的劇作家。這個領域感覺與數學毫無瓜葛，我請教她沒有受到什麼影響？

「我覺得我爸因為有數學這個中心信仰，所以才能夠參與社會。即使被社會排擠，感覺也還有數學這條路可走，有這樣的部分。關於文學，或許我自己也是這種感覺。因為看到我爸那樣的生活方式，從某個意義來說，讓我建立起很大的自信。」

數學和文學都是經常會被人質疑「這有什麼用」的領域。也許因為這樣，陽子小姐決定踏上文學之路時，黑川老師完全沒有反對。

「還有，我不太會寫偏重情緒的台詞。我會用類似數學證明般的感覺，邏輯分明地寫說：這場戲有這樣的問題，可以選擇這樣的解決方法。有人說我的寫法很數學，但我也不是刻意這麼做。」

聽說陽子小姐出生時，黑川老師歡天喜地。

「他真的是疼死女兒了。」

師母露出遙望的眼神說。

「這孩子一哭，他就怪我怎麼害她哭了。還說絕對不讓任何人靠近她、不逼她做任何不願意的事。可是他也曾經毫不限制地餵她喝奶，餵到她都吐出來了。他的愛有點徒勞呢。」

兩人覺得好笑地笑了起來。

「好，要拍囉！」

我拿起相機打信號。沙發上，黑川老師坐在中間，師母和陽子小姐坐在左右。女生面帶微笑，黑川老師則是以一如往常的真摯眼神看著鏡頭。陽子小姐準備的大花束顯得格外華美。

訪談結束後，我回顧照片，忍不住想：好相似的一家人。不光是黑川老師和陽子小姐，黑川老師和師母的氣質也頗為相近。果然是一家人。

若說奇特，的確是很奇特，若說很普通，確實是隨處可見的普通人。要如何解釋數學家和數學，是自由的。

我瞭解到的是，美麗數學的根本之處，有著和我們周遭相同的、理所當然的日常生活。

因此數學家的日常才會如此美不勝收。

「黑川老師，為什麼您每次離開都要鎖上自己的房間？」

我問道，黑川老師調皮地一笑：

「因為我可不希望黎曼猜想的證明被人給偷走了。」

僅藉此篇幅，再次感謝各位受訪人士。

本書內容，僅是受訪人士生活中的一小部分，也是數學界人士當中的一小部分，敬請理解。

本書的採訪於二〇一七年五月至二〇一八年九月間進行。文中的年齡等資料，皆以採訪當時為準。

△【受訪人士簡介】

黑川信重（Nobushige Kurokawa）

一九五二年生於栃木縣。一九七五年畢業於東京工業大學理學院數學系。一九七七年修畢同大學研究所理工學研究科數學碩士課程。曾任東京大學副教授，目前為東京工業大學名譽教授。理學博士。專長領域為數論，尤其是解析數論、多重三角函數論、ζ函數論、自守形式。著有《黎曼猜想一五〇年》（リーマン予想の150年）、《ζ的冒險與進化》（ゼータの冒険と進化）、《拉馬努金探險 天才數學家的奇跡》（ラマヌジャン探検　天才数学者の奇跡をめぐる）、《絕對ζ函數論》（絶対ゼータ関数論）、《黎曼的夢想 ζ函數的探求》（リーマンの夢　ゼータの関数の探求）等多部著作。

加藤文元（Fumiharu Kato）

一九六八年生於宮城縣。一九九七年修畢京都大學研究所理學研究科數學・數理分析博士課程。理學博士。歷任九州大學研究所數理學研究科助教、京都大學研究所理學研究科副教授、熊本大學研究所自然科學研究科教授、東京工業大學研究所理工學研究科專任教授，二〇一六年起任職東京工業大學理學院數學系教授。專長為代數幾何學、算術幾何學。著作有《伽羅瓦 天才數學家的一生》（ガロア 天才数学者の生涯）、《故事 數學的歷史 對正確的挑

戰》（物語 数学の歴史 正しさへの挑戦）、《做數學的精神 正確的創造，美的發現》（数学する精神 正しさの創造、美しさの発見）、《數學的想像力 正確的深處有什麼？》（数学の想像力 正しさの深層に何があるのか）等。

千葉逸人（Hayato Chiba）

一九八二年生於福岡縣。二〇〇一年就讀京都大學工學院。二〇〇九年京都大學研究所資訊學研究科數理工學專攻博士課程修畢。曾任九州大學產業數學研究所（Institute of Mathematics for Industry）副教授，二〇一九年起任職東北大學材料科學高等研究所教授。專長為動態系統理論、微分方程式、非線性函數方程式。大學三年級出版《一點就通 工學院的數學課》（これならわかる 工学部で学ぶ数学）。二〇一三年獲得「藤原洋數理科學獎勵獎」。二〇一五年因證明當時未解決的藏本猜想，於二〇一六年得到「文部科學大臣表彰年輕科學家獎」。著作有《從向量分析入門幾何學》（ベクトル解析からの幾何学入門）等。

堀口智之（Tomoyuki Horiguchi）

一九八四年生於新潟縣。山形大學理學院物理系畢業。於集結世界各國大學生的日本最大規模創業大賽獲得特別獎。從事過二十種以上職業後，於二〇一〇年以十萬日圓資金創立「大人的數學教室 和」，二〇一一年公司化。現為WAKARA（和から）股份有限公司代表董事。已成長至學員數逾三千人，擁有四十名以上講師的規模。

高田老師（Takata Sensei）

一九八二年出生於廣島縣。二〇〇五年自東京學藝大學教育學院數學系畢業。現在身兼高中數學教師（兼任）及藝人二職。為「日本搞笑數學協會」會長，並參加理組男藝人的「理組夜」等，為討厭數學的日本人數目能單調遞減而奮鬥。YouTube頻道「搞笑數學教師 高田老師」（お笑い数学教師♪タカタ先生）大受歡迎。二〇一六年組成搞笑搭擋「高田學園」。二〇一七年獲得Science AGORA獎（以日本搞笑數學協會身分）。合著有《搞笑數學》（笑う数学／日本搞笑數學協會名義）。

松中宏樹（Hiroki Matsunaka）

一九八六年生於山口縣。京都大學研究所資訊學研究科動態系統理論領域碩士。研究所課程修畢後，進入國內廠商任職，但因為無法放棄對數學的夢想，於三十一歲離職，成為「大人的數學教室 和」的講師。

Zeta大哥（Zeta Aniki）

二〇〇三年出生。二〇一八年時，是就學於東京都的中學生。十三歲時對數學產生興趣。

津田一郎（Ichiro Tsuda）

一九五三年生於岡山縣。理學博士。數理科學家。專長為應用數學、計算神經科學、複雜系統科學。大阪大學理學院畢業，京都大學研究所理學研究科博士課程修畢。歷任九州工業大學副教授、北海道大學及研究所教授，目前為中部大學創發學術院教授。奠定了日本的混沌學。曾獲得HFSP Program Award（二〇一〇年）、ICCN Merit Award（二〇一三年）等獎項。著作有《心是數學構成的》（心はすべて数学である）、《在大腦中看見數學》（脳のなかに数学を見る）等。

淵野昌（Sakae Fuchino）

一九五四年生於東京都。一九七七年自早稻田大學理工學院化學系畢業。一九七九年自同大學理工學院數學系畢業。一九八九年取得理學博士學位（柏林自由大學）。一九九六年取得教授資格（柏林自由大學）。曾於漢諾威大學、耶路撒冷希伯來大學、柏林自由大學、北見工業大學、中部大學任教，目前為神戶大學研究所系統資訊學研究科教授。專長為數理邏輯，尤其是集合論及其應用。著作有《以Emacs Lisp創造》（Emacs Lispでつくる），共著有《哥德爾與二十世紀的邏輯學》（ゲーデルと20世紀の論理学（ロジック））第四集，譯作有《數是什麼？數應當是什麼？》（数とは何かそして何であるべきか）、《現代的布林代數》（現代のブール代数）、《大基數的集合論》（巨大基数の集合論）等。

阿原一志（Kazushi Ahara）

一九六三年生於東京都。一九九二年東京大學研究所理學研究科數學專攻博士課程修畢。目前為明治大學綜合數理學院尖端媒體科學系教授。專長為拓樸學、計算拓樸學。以幾何學為中心，廣泛開發與數學相關的軟體。著作有《在巴黎時裝週玩數學與瑟斯頓挑戰龐加萊猜想》（パリコレで数学を サーストンと挑んだポアンカレ予想）、《計算機幾何》（コンピュータ幾何）、《Hyplane 用剪刀和漿糊做出雙曲平面》（ハイプレイン のりとはさみでつくる双曲平面）、《透過計算學拓樸》（計算で身につくトポロジー）等。興趣是彈鋼琴、折紙鶴及網球。

高瀬正仁（Masahito Takase）

一九五一年生於群馬縣勢多郡東村（現綠市）。數學家及數學史家。專長為多變數函數論及近代數學史。著有《評傳岡潔》（評伝岡潔）三部作（星之章、花之章、虹之章）、《黎曼與代數函數論 西歐近代的數學節點》（リーマンと代数関数論 西欧近代の数学の結節点）、《數學史入門 精讀原典的樂趣》（数学史のすすめ 原典味読の愉しみ）、《從歐拉的難題學習微分方程式》（オイラーの難問に学ぶ微分方程式）等多部著作。

Ω【参考文献】

・『絶対数学』黒川信重・小川信也著／日本評論社
・『リーマン予想の探求 ABCからZまで』黒川信重著／技術評論社
・『ゼータの冒険と進化』黒川信重著／現代数学社
・『絶対ゼータ関数論』黒川信重著／岩波書店
・『絶対数学原論』黒川信重著／現代数学社
・『数学の夢 素数からのひろがり（岩波高校生セミナー④）』黒川信重著／岩波書店
・『リーマンと数論（リーマンの生きる数学 1）』黒川信重著／共立出版
・『ラマヌジャン探検 天才数学者の奇跡をめぐる（岩波科学ライブラリー）』
——黒川信重著／岩波書店
・『リーマンの夢 ゼータ関数の探求』黒川信重著／現代数学社
・『リーマンの数学と思想（リーマンの生きる数学 4）』加藤文元著／共立出版

- 『数学する精神 正しさの創造、美しさの発見（中公新書）』加藤文元著／中央公論新社
- 『物語 数学の歴史 正しさへの挑戦（中公新書）』加藤文元著／中央公論新社
- 『ガロア 天才数学者の生涯（中公新書）』加藤文元著／中央公論新社
- 『これならわかる 工学部で学ぶ数学』千葉逸人著／プレアデス出版
- 『ベクトル解析からの幾何学入門 改訂新版』千葉逸人著／現代数学社
- 『心はすべて数学である』津田一郎著／文藝春秋
- 『数とは何かそして何であるべきか（ちくま学芸文庫）』リヒャルト・デデキント著
  ——渕野昌訳・解説／筑摩書房
- 『計算で身につくトポロジー』阿原一志著／共立出版
- 『パリコレで数学を サーストンと挑んだポアンカレ予想』阿原一志著／日本評論社
- 『近代数学史の成立 解析編 オイラーから岡潔まで』高瀬正仁著／東京図書
- 『紀見峠を越えて 岡潔の時代の数学の回想』高瀬正仁著／萬書房
- 『人物で語る数学入門（岩波新書）』高瀬正仁著／岩波書店

・『発見と創造の数学史 情緒の数学史を求めて』高瀬正仁著／萬書房
・『岡潔先生をめぐる人びと フィールドワークの日々の回想』高瀬正仁著／現代数学社
・『現代思想 2017年3月臨時増刊号 知のトップランナー50人の美しいセオリー』青土社
・『天書の証明』M・アイグナー、G・M・ツィーグラー著 蟹江幸博訳／丸善出版

本作品為《小説幻冬》二〇一七年十一月號至二〇一八年十一月號連載的內容，
加以重新編排、增添修改而成。

神秘優雅的數學家日常

作　　者　二宮敦人
Atsuto Ninomiya
譯　　者　王華懋
發 行 人　林隆奮 Frank Lin
社　　長　蘇國林 Green Su

出版團隊
總 編 輯　葉怡慧 Carol Yeh
日文主編　許世璇 Kylie Hsu
企劃編輯　許芳菁 Carolyn Hsu
高子晴 Jane Kao
責任行銷　鄧雅云 Elsa Deng
封面設計　木木 Lin
版面構成　譚思敏 Emma Tan

行銷統籌
業務處長　吳宗庭 Tim Wu
業務主任　蘇倍生 Benson Su
業務專員　鍾依娟 Irina Chung
業務秘書　陳曉琪 Angel Chen
莊皓雯 Gia Chuang
行銷主任　朱韻淑 Vina Ju

發行公司　精誠資訊股份有限公司　悅知文化
105台北市松山區復興北路99號12樓
訂購專線　(02) 2719-8811
訂購傳真　(02) 2719-7980
專屬網址　http : //www.delightpress.com.tw
悅知客服　cs@delightpress.com.tw
ISBN : 978-986-510-171-8
建議售價　新台幣360元
首版一刷　2021年09月

國家圖書館出版品預行編目資料

神秘優雅的數學家日常 / 二宮敦人 著；王華懋譯.
-- 初版. -- 臺北市：精誠資訊股份有限公司, 2021.09
面；　公分
ISBN 978-986-510-171-8 (平裝)
1. 數學 2. 傳記 3. 日本
310.99　　110013512

建議分類｜自然科普．人文科學

First published in Japan by Gentosha Publishing Inc.

This Complex Chinese edition is published by arrangement with Gentosha Publishing Inc.,
Tokyo c/o Tuttle-Mori Agency, Inc., Tokyo through
Future View Technology Ltd., Taipei.

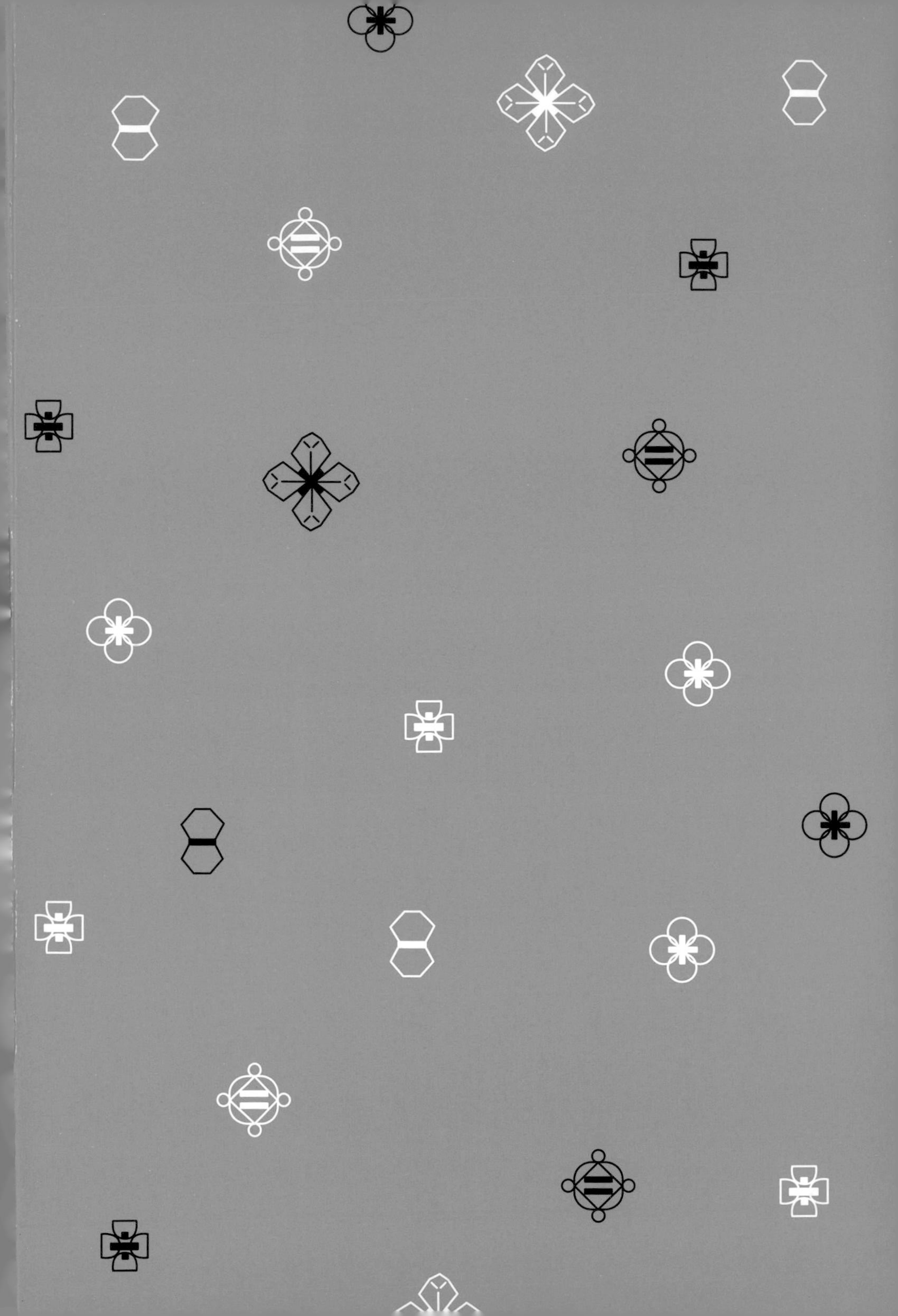